给孩子的数学三书

马先生谈算学

刘薰宇 著

清華大学出版社
北 京

图书在版编目（CIP）数据

给孩子的数学三书 / 刘薰宇著. —北京：清华大学出版社，2024.5
ISBN 978-7-302-66138-2

Ⅰ. ①给… Ⅱ. ①刘… Ⅲ. ①数学－青少年读物 Ⅳ. ①O1-49

中国国家版本馆 CIP 数据核字（2024）第 085669 号

责任编辑：刘　洋
封面设计：徐　超
责任校对：王荣静
责任印制：宋　林

出版发行：清华大学出版社
网　　址：https://www.tup.com.cn，https://www.wqxuetang.com
地　　址：北京清华大学学研大厦 A 座　邮　　编：100084
社 总 机：010-83470000　邮　　购：010-62786544
投稿与读者服务：010-62776969, c-service@tup.tsinghua.edu.cn
质量反馈：010-62772015, zhiliang@tup.tsinghua.edu.cn
印 装 者：大厂回族自治县彩虹印刷有限公司
经　　销：全国新华书店
开　　本：148mm×210mm　印　张：23.25　字　数：383 千字
版　　次：2024 年 6 月第 1 版　印　次：2024 年 6 月第 1 次印刷
定　　价：168.00 元（全三册）

产品编号：099568-01

前言

这书居然写成、出版，我感到莫大的欣幸！

开始写它，远在一九三六年的冬季。从一九三七年一月起，陆续按月在《中学生》发表，中间只因为个人的私事断过一二期。原来的计划是内容简略些，一九三七年在《中学生》上登载完毕。

于个人，于中国，都不能忘掉的这一九三七年！五月底六月初，妻突患神经病，终日要人伴着。我便充当她的看护，同时兼做三个孩子的保姆。七月初她渐渐地好起来了，我肩头上的担子也轻了一些。然而，抗战的第一炮，七月七日，在卢沟桥的天空响了起来。跟着，上海的空气一天比一天紧张。一方面，我察觉到抗战快要展开了，而一经展开，期限一定较长。另方一面，妻的病虽渐好，但要彻底治疗，唯有回到故乡。她和我离开故乡都有二十多年，乡思，多少也是病源之一。在这种情况下，我决定伴着她和我们的三个孩子，离开居住了十多年的上海，回到相别二十多年的故乡——贵阳。

八月十日，在十分紧张的空气中，我们上了直奔重庆的船。后来才知道，它是载客离上海的最后一只船。从上海到重庆船行要十多天，原来还想在船上断续写这书，但一上船就知道不行了。乘客虽不拥挤，然而要找一张台子写什么，却不可能。到汉口，八一三沪战的消息已传到船上。——好！这是中国唯一的出路！然而战争终究是战争，每天我们都在关注无线电传来的消息。

到了重庆，因为交通的阻碍，一时不能去贵阳。我坐在旅馆中，也曾提笔续写过，但一想到《中学生》必然停刊，出版界必然遭受沉重的打击，就把笔放下了。

回到贵阳后，一直不曾想到将它完成。直到一九三八年的冬季，正是武汉陷落的时期，丏尊兄写信给我，要我将它写完，说开明出版社可以勉力出版。这自然使我很兴奋，但这时我正准备到昆明，只好暂时又放下。

到昆明住定以后，想动笔，却无从下手了。已发表过的稿子，我没有保存，具体内容已有些模糊。这一来，才写信给丏尊兄，请他设法寄一份《中学生》发刊过的稿子来，并与之约定稿子一到就动手。稿子寄出的回信，虽不久就收到，但稿子到我的手里却已经是一九三九年的夏季，距暑假已很近了。我决定在暑假中完成它。

暑假，回到贵阳，长长的三个月的时间，竟没有写一个字。原因是，妻和孩子们在一九三八年九月二十五日敌机袭贵阳后，已移往乡下，家人八口只住两小间平房。挤，固不必说；蚊虫、跳蚤，使你不能静坐到十分钟。

秋后又到昆明。昆明很好，天气也很好。然而天天想着动手，天天都只是想着而已。在这期间，曾听到有的《中学生》读者到开明分店来问,《马先生谈算学》出版了没有？有一次，分店的同人还指着我向顾客说“这就是马先生”，惹得哄堂大笑。从此，我感到已负了一笔债，非赶快偿还不可。

自寒假开始，我便下了最大的决心，动起笔来。现在算是完成了，然而它能够这样完成，我非常感激开明昆明分店的同人！

第一，在这期间，昆明的米价、菜价等一切物价都涨得惊人，不但涨，有时还买不到。寄食于分店的我，居然不分心在柴米上，坐食现成，于这稿子的完成关系实在不小。

第二，从去年十二月以来，昆明警报频繁，有十几次，都是写着写着，警报一响，便收在篮里，提着跑到荒野。不是我自己提，我一个笨重的身体，空着手走已有点儿吃力了，还提什么？都是分店的吕元章、韦芝堃和杨炳炎三个人帮忙提！虽然，事后想起来这是徒劳，但他们的辛苦，我总觉得极可感谢！

这样小小的一点儿东西，经过三年多，而且有过不少的波折，今天居然完成了，我感到莫大的欣幸！

关于它的内容，我还想向读者很虔诚地说几句话。

它有些像什么难题详解一类，然而对于这一类的书我一向是反对的。这里面，固然收集了一百几十个题目加以解释，但我并不希望，有人单是为了找寻某一个题的算法来翻阅它。这也许会令人失望的。

我写这书的动机，是在增进学算学的人对于算学的兴趣。对于学习算学的态度，思索问题的途径，以及探究题目间的关系和变化，我很用心地去选择和计划表出它们的方法。我希望，能够在这没有生命的算学问题中注入一点儿活力。

用图解法直接来解决算术问题，这不但便于观察和思索，而且还可使算术更贴近实际。图解，本来已沟通了代数和几何，成为解析算学的骨干。所以若从算术起，就充分地运用它，我想，这不但对于进修算学中的其他部门有着不少的帮助，而且对于学习理工科，乃至于统计等，也是有益的。

我对于算学的态度，已散见于这书中。一方面我认为人人应学，然而不是说人人都要做算学专家；另一方面我认为人人都能学，然而不是说人人都能成为算学专家。

科学！科学！现在似乎已没一个知识分子不承认它的价值和需要了。然而对于科学，中等程度的算术、代数、几何、三角、解析几何以及初等微积分，实在是必不可少的基础。谨以此书献给真正爱好科学的青年朋友。

一九四〇年二月十九日于昆明万松草堂后院

目录

一 他是这样开场的

学年成绩公布不久的一个下午，初中二年级的两个学生李大成和王有道在教员休息室门口站着谈话。

李："真危险，这次的算学平均只有 59.5 分，要不是四舍五入，就不及格了，还得补考。你的算学真好，总有九十几分、一百分。"

王："我的地理不及格，下学期一开学就得补考，这个暑假玩也玩不痛快了。"

李："地理？很容易！"

王："你自然觉得容易呀，我真不行。看起地理来，总觉得死板板的，一点儿趣味没有，无论勉强看多少次，总还是记不完全。"

李："你的悟性好，但记忆力不行，我死记东西倒还容易，要想解算学题，那真难极了，简直不知道从哪里想起。"

王："所以，我主张文科和理科一定要分开，喜欢哪一科就专注于那一科，既能专心，也免得白费力气去学些毫无趣味、不相干的东西。”

李大成没有回答，好像默认了这个意见。坐在教员休息室里，懒洋洋地看着报纸的算学教师马先生听见了他们谈话的内容。他们在班上都算是用功的，马先生对他们也有相当的好感。因此，马先生想对他们的意见加以纠正，便叫他们到休息室里，带着微笑问李大成：“你对王有道的主张有什么意见？”

马先生这一问，李大成直觉马先生一定不赞同王有道的意见，但他并没有领会到什么理由，因而踌躇了一阵回答道：“我觉得这样更便当些。”

马先生微微摇了摇头，表示不同意：“便当？也许你们这时年轻，在学校里的时候觉得便当，要是照你们的意见去做，将来就会感到大大地不便当了。你们要知道，初中课程这样规定，是经过若干年经验和若干专家研究的。各科所教的都是做一个现代人不可缺少的常识，不但是人人必需，也是人人能领受的……”

虽然李大成和王有道平日对马先生的学识和耐心教导很是敬仰，但对他说的“人人必需”和“人人能领受”却很怀疑。不过两人的怀疑略有不同，王有道认为地理就不是人人必需，而李大成则认为算学不是人人能领受的。他们听了马先生的话后，各自的脸上都露出了不以为然的神气。

马先生接着对他们说：“我知道你们不会相信我的话。王有道，是不是？你一定以为地理就不是人人必需的。”

王有道望一望马先生，不回答。

“但是你只要问李大成，他就不这么想。按照你对地理的看法，李大成就可说算学不是人人必需的。你说说为什么人人必须要学算学？”

王有道不假思索地回答：“一来我们日常生活离不开计算，二来它可以训练我们，使我们变得更聪明。”

马先生点头微笑说：“这话有一半对，有一半不对。第一点，你说因为日常生活离不开计算，所以算学是必需的。这话自然很对，但看法也有深浅不同。从深处说，恐怕不但是对于算学没有兴趣的人不肯承认，就是你也不能完全认识，我们姑且丢开。就浅处说，自然买油、买米都用得到它，不过中国人靠一个算盘，懂得‘小九九’，就生存了几千年，何必要学代数呢？平日买油、买米哪里用得到解方程式？我承认你的话是对的，不过同样的看法，地理也是人人必需的。从深处说，我们姑且也丢开，就只从浅处说。你总承认做现代的人，每天都要读新闻，倘若你没有充足的地理知识，你读了新闻，能够真懂得吗？阿比西尼亚（今埃塞俄比亚，下同）在什么地方？为什么意大利一定要征服它？为什么意大利起初打阿比西尼亚的时候，许多国家要对它施以经济制裁，到它居然征服了阿比西尼亚的时候，大家又把制裁取消？再说，对于中国的处境，你们平日都很关切，但是所谓国难的构成，与地理的关系也不小，所以真要深切地认识中国处境的危迫，没有地理知识是不行的。

“至于第二点，‘算学可以训练我们，使我们变得更聪明’，这话只有前一半是对的，后一半却是一种误解。所谓训练我们，只是使我们养成一些做学问和事业的良好习惯，比如注意力要集中，要始终如一，要不苟且，要有耐性，要有秩序，等等。这些习惯，本来人人都可以养成，不过需要有训练的机会，学算学就是把这种机会给了我们。但切不可误解了，以为只是学算学有这样的机会。学地理又何尝没有这样的机会呢？各种科学都是建立在科学方法上的，只是探索的对象不同。算学是科学，地理也是科学，只要把它们当成一件事做，认认真真地学，上面所说的各种习惯都可以养成。说到使人变得聪明，一般人确实有这样的误解，以为只有学算学能够做到。其实，学算学也不能够使人变得聪明。一个人初学算学的时候，思索一个题目的解法非常困难，学得越多，思索起来越容易，这固然是事实，一般人便以为这是更聪明了，其实只是表面的看法，这不过是逐渐熟练的结果，并不是什么聪明。学地理的人，看地图和描地图的次数多了，提起笔来画一个中国地图的轮廓，形状大致可观，这不是初学地理的人能够做到的，但也不是什么变得更聪明了。

“你们总承认在初中也分什么文理科是不妥当的吧！”马先生用这话作为结束语。

对于这些议论，王有道和李大成虽然不表示反对，但也只认为是马先生鼓励他们对于各科都要用功的话。因为他们觉得有些科目性质不相近，无法领受，与其白费力气，不如索性不学。尤其是李大成，他认为算学实在不是人人所能领受的，于是他向马先生提出这样的质问：“算学，我也知道人人必需，只是性质不相近，一个题目往往一两个小时做不出来，所以我觉得还是把时间留给别的书好些。”

“这自然是如此，与其费了时间毫无所得，不如做点儿别的。王有道看地理的时候，他一定觉得毫无兴味，看一两遍，时间浪费了，仍然记不住，倒不如多演算两道算术题。但这都是偏见，学起来没有趣味，以及得不出什么结果，不一定是科目的问题。至于性质不相近，不过是一种无可奈何的说明，人的脑细胞并没有分成学算学的和学地理的两种。据我看来，是因为学起来不感兴趣，便常常不去亲近它，以至后面越来越觉得和它不能相近。至于学着不感兴趣，大概是不得其门而入的缘故，这是学习方法的问题。比如就地理说，现在是交通极发达、整个世界息息相通的时代，用新闻纸来作引导，学起来不但津津有味，而且容易记住。日本和苏俄以及蒙古不是常常发生边界冲突吗？把地图、地理教科书和这类新闻对照起来读，就活泼有趣了。又如，中国参加世界运动会的选手的行程，不是从上海出发，每到一处都有电报和信件吗？若是一边读这种电报，一边用地图和地理教科书作参证，那么从中国到德国的这条路线，你就可以完全明了而且容易记牢了。用现时发生的事件来作线索去读地理，我想这和读《西游记》一样。你读《西游记》不会觉得干燥、无趣，读了以后，就知道在唐朝时从中国到印度要经过什么地方。——这只是举例的说法。——《西游记》中有唐三藏、孙悟空、猪八戒，世运会中国代表团中有院长、铁牛、美人鱼，他们的行程记不正是一部最新改良特别版的《西游记》吗？'随处留心皆学问'，这句话用到这里再确切不过了。总之，读书不要太受教科书的束缚，这样就不会干燥无味，就可以得到鲜活的知识了。"

王有道听了这话，脸上露出心领神会的气色，快活地问道："那么，学校里教地理为什么要用一本死板的教科书呢？若是每次用一段新闻来讲不是更好吗？"

"这是理想的办法，但事实上有许多困难。地理也是一门科学，它有它的体系，新闻所记录的事件并不是按照这个体系发生的，所以不能用它作材料来教授。一切课程都是如此，教科书是有体系的基本知识，是经过提炼和组织的，所以是死板的，和字典、辞书一样。求活知识要以当前所遇见的事件、现象作线索，而用教科书作参证。”

李大成原是对地理有兴趣而且成绩很好的，听到马先生这番议论，不觉心花怒发，但同时又起了一个疑问。他感到困难的算学，照马先生的说法，自然是人人必需、无可否认的了，但怎样才是人人能领受的呢？怎样可以用活的事件、现象作线索去学习呢？难道碰见一个龟鹤算的题目，硬要去捉些乌龟、白鹤摆来看吗？并且这样的呆事，他也曾经做过，但是一无所得。他计算“大小二数的和是30，差是4，求二数”这个题目时，曾经用30个铜板放在桌上来试验。先将4个铜板放在左手，然后两手同时从桌上把剩下的铜板一个一个地拿到手里。到拿完时，左手是17个，右手是13个，因而他知道大数是17，小数是13。但他不能从这个试验中总结出算式 $(30-4)\div 2=13$ 和 $13+4=17$ 来。这位被同学们称为“马浪荡”并且颇受尊敬的马先生对于学习地理的意见是非常好的，他正教着他们代数，为什么没有用同样的方法指导他们呢？

他于是向马先生提出了这个质问：“地理可以这样学习，难道算学也可以这样学吗？”

“可以，可以！”马先生毫不犹豫地回答，“不过内在相同，情形各异罢了。我最近正在思索这种方法，已经略有所得。好！就让我来做第一次试验吧！今天我们谈话的时间很久了，好在你们和我一样，暑假都不到什么地方去，以后我们每天来谈一次。我觉得学算学需弄清楚算术，所以我现在关注的全是解算术问题的方法。算术的根底打得好，对于算学自然有兴趣，进一步去学代数、几何也就不难了。”

从这次谈话的第二天起，王有道和李大成又约了几个同学每天来听马先生讲课。以下这些李大成的笔记，是经过他和王有道的斟酌而修正过的。

二 怎样具体地表示数量以及两个数量间的关系

学习一种东西，首先要端正学习态度。现在一般人学习只是用耳朵听先生讲，把讲的牢牢记住，用眼睛看先生写，用手照抄下来，也牢牢记住。这正如拿着口袋到米店去买米，付了钱，让别人将米倒在口袋里，自己背回家就完事一样。把一口袋米放在家里，肚子就不会饿了吗？买米的目的，是把它做成饭，吃到肚子里，将饭消化了，吸收生理上所需要的营养，将不需要的污秽排泄出去。所以饭得煮熟，吃掉，消化了，养料得吸收了，污秽得排出去。就算买的是饭，饭是别人喂到嘴里去的，但进嘴以后的一切工作只有靠自己了。学校的先生所能给予学生的只是生米和煮饭的方法，最多是饭，喂到嘴里的事就要靠学生自己了。所以学习是要把先生所给的米变成饭，自己嚼，自己消化，自己吸收，自己排泄。教科书要成为一本教科书，必须有必不可少的材料，先生给学生讲课也有少不来的话，正如米要成米有必不可少的成分一样，但对于学生不是全有用处，所以读书有些是用不到记的，正如吃饭有些要排出来一样。

上面说的是学习态度的基本——自己消化、吸收、排泄。怎样消化、吸收、排泄呢？学习和研究这两个词，大多数人都在乱用。读一篇小说，就是在研究文学，这是错的。不过，对学习和研究的态度应当一样。研究应当依照科学方法，学习也应当应用科学方法。所谓科学方法，就是从观察和实验中收集材料，加以分析、综合整理。学习也应当如此。要明了“的”字的用法，必须先留心各式各样含有“的”字的句子，然后比较、分析……

算学，就初等范围说，离不开数和量，而数和量都是抽象的，两条板凳和三支笔是具体的，“两条”“三支”以及“两”和“三”全是抽象的。抽象的，按理说是无法观察和实验的，然而为了学习，我们不妨开一个方便法门，将它们具体化。昨天我 4 岁的小女儿跑来向我要 5 个铜板，我忽然想要测试她认识数量的能力，便先只给她 3 个铜板。她说只有 3 个，我便问她还差几个。于是她把左手的五指伸出来，右手将左手的中指、无名指和小指捏住，看了看，说“差两个”。这就是数量的具体表示的方便法门。这方便法门，不仅是小孩子学习算学的基础，也是人类建立全部算学的基础，我们所用的不是十进数吗？

用指头代替铜板，当然也可以用指头代替人、马、牛，然而指头只有十个，而且分属于两只手，所以第一步就由用两只手进化到用一只手，将指头屈伸着或做出种种形状以表示不同的数。可是如果数大了仍旧不便。好在人是吃饭的动物，这点聪明还有，于是进化到用笔涂点子来代替手指，到这一步自然能表示更多的数了。不过点子太多也难一目了然，而且在表示数和数的关系时更不方便，有必要将它改良。

既然可以用“点”来作具体地表示数的方便法门，当然也可以用线段来代替“点”。严格地说，画在纸上，“点”和线段其实是一样的。用线段来表示数量，第一步很容易想到这两种形式：一，二，三……和|，||，|||……这和“点”一样不方便，应该再加以改良。第二步，何妨将这些线段连结成为一条更长的线段，成为竖的

或横的

呢？本来用多长的线段表示 1，这是个人的绝对自由，任何法律也无法禁止。所以只要在纸上画一条长线段，再在这线段上随便作一点算是起点零，再从零开始，依次取等长的线段便得 1, 2, 3, 4…

这是数量的具体表示的方便法门。

有了这方便法门，算学上的四个基本法则都可以用画图来计算了。

（1）加法——这用不着说明，如图 2-1 所示，便是 5+3=8。

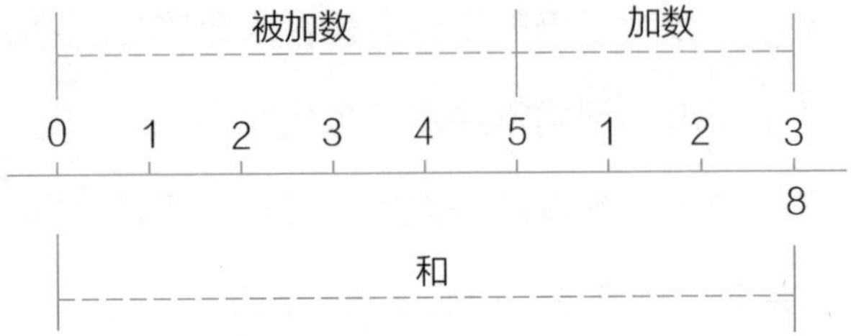

图 2-1 加法

（2）减法——只要把减数反向画就行了，如图 2-2 所示，便是 8－3＝5。

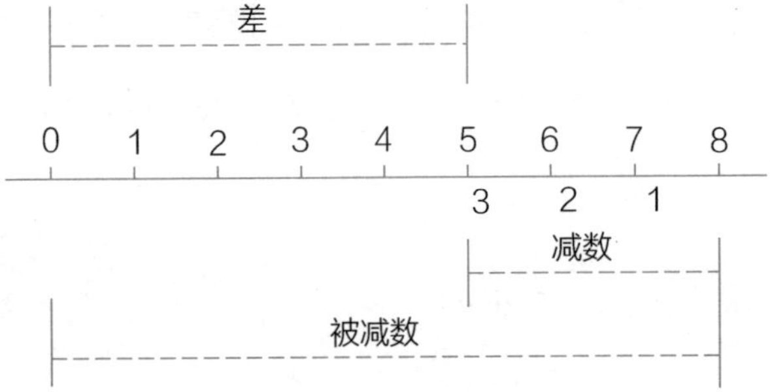

图 2-2 减法

（3）乘法——本来就是加法的简便方法，所以和加法的画法相似，只需所取被乘数的段数和乘数的相同。不过有小数时，需参照除法的画法才能将小数部分画出来。如图 2-3 所示，便是 5 × 3 = 15。

（4）除法——这要用到几何画法中的等分线段法。如图 2-4 所示，便是 15 ÷ 3 = 5。

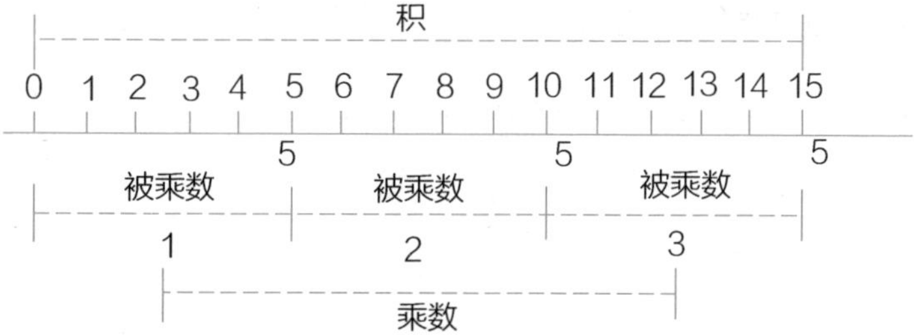

图 2-3　乘法

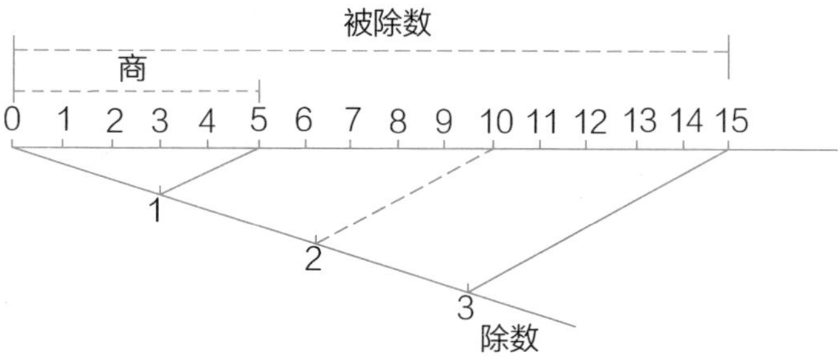

图 2-4　除法

图中表示除数的线是任意画的，画好以后，便从 0 起在上面取等长的任意三段 01，12，23，再将 3 和 15 连起来，过 1 画一条线和它平行，这线正好通过 5，5 就是商数。图中的虚线 210 是为了看起来更清爽画的，实际没有必要。

看懂四则运算的基础画法了吗？现在再来看两个数的几种关系的具体表示法。

两个不同的数量若是同时画在一条线段上，是要弄得眉目不清的。假如这两个数量根本没有什么瓜葛，那就自立门户，各占一条路线好了。若是它们多少有些牵连，要同居分炊，怎么办呢？正如学地理的时候，我们要明确一个城市在地球上什么地方，得知道它的经度和纬度一样。这两条线一是南北向，一是东西向，自不相同。但若将这城市所在地的经度画一张图，纬度另画一张图，那成什么体统呢？画地球是经、纬度并在一张图上，表示两个不同而有关联的数，现在正可借用这个办法。

用两条十字交叉的线，每条表示一个数量，那交点就算是共同的起点 0，这样来源相同，趋向各自的法门，倒也是一件有趣的事。

（1）差一定的两个数量的表示法，如图 2-5 所示。

例一：兄 13 岁，弟 10 岁，兄比弟大几岁？

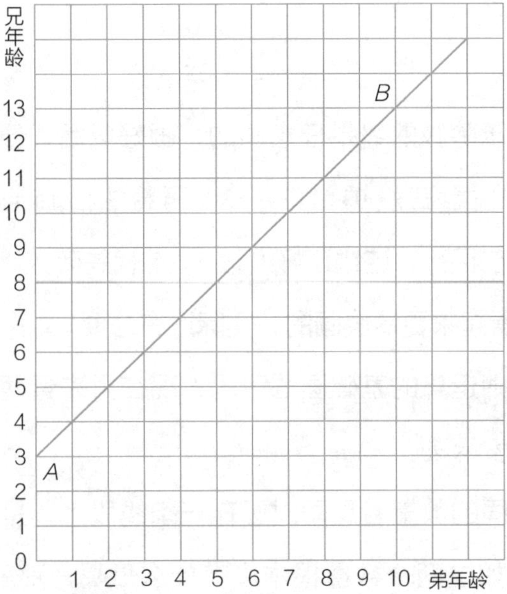

图 2-5 例一图解

用横的线段表示弟的年龄，竖的线段表示兄的年龄，他俩差 3 岁，就是说兄 3 岁的时候弟才出生，因而得 A。但兄 13 岁的时候弟 10 岁，所以竖的第十条线和横的第十三条是相交的，因而得 B。由这图上的各点横竖一看，便可知道：

（Ⅰ）兄几岁（例如 5 岁）时，弟若干岁（2 岁）。

（Ⅱ）兄、弟年龄的差总是 3。

（Ⅲ）兄 6 岁时，是弟年龄的两倍。

……

（2）和一定的两数量的表示法，如图 2-6 所示。

例二：张老大、宋阿二分 15 元，张老大得 9 元，宋阿二得几元？

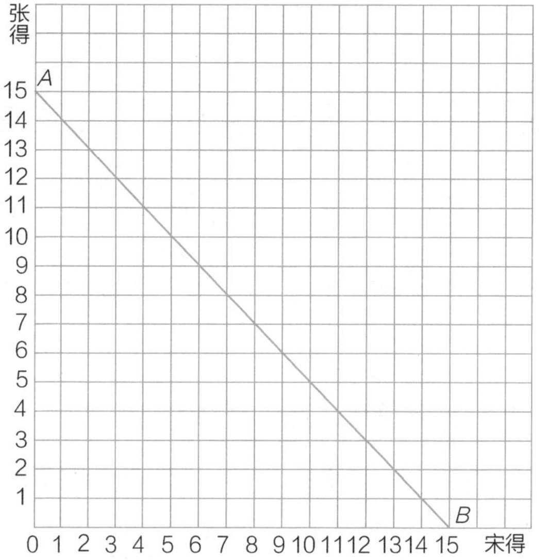

图 2-6 例二图解

用横的线段表示宋阿二得的钱数，竖的线段表示张老大得的钱数。张老大全部拿了去，宋阿二便两手空空，因得 *A* 点。反过来，宋阿二全部拿了去，张老大便两手空空，因得 *B* 点。由这线上的各点横竖一看，便知道：

（Ⅰ）张老大得 9 元的时候，宋阿二得 6 元。

（Ⅱ）张老大得 3 元的时候，宋阿二得 12 元。

……

（3）一数量是另一数量的一定倍数的表示法，如图 2-7 所示。

例三：一个小孩子每小时走 2 里[1]路，3 小时走多少里？

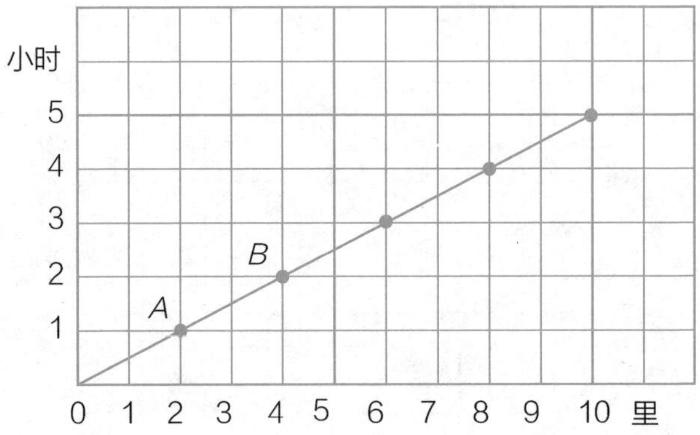

图 2-7　例三图解

用横的线段表示里数，竖的线段表示时数。第一小时走了 2 里，因而得 *A* 点。第二小时走了 4 里，因而得 *B* 点。由这线

1　里，是长度计量单位。常用于计量地理距离，现在被称为华里、市里，1里等于500米，是中国古代使用的长度计量单位。

上的各点横竖一看，便可知道：

（Ⅰ）3 小时走了 6 里。

（Ⅱ）4 小时走了 8 里。

三 解答如何产生——交叉法原理

“昨天讲的 3 个例子，你们总没有忘掉吧！——若是这样健忘，那就连吃饭、走路都学不会了。”马先生一走进门，还没立定，就笑嘻嘻地这样开场了。大家自然只是报以微笑。马先生于是口若悬河地开始这一课的讲解。

昨天的 3 个例子，图上都是一条直线，各条直线都表示了两个量所保有的一定关系。从直线上的任意一点，往左看往下看，马上就知道符合某种条件的甲量在不同的状况下，乙量是怎样的情形。如图 2-7，每小时走 2 里，4 小时便走 8 里，5 小时便走 10 里。

这种图，对于我们当然很有用。比如说，你有个弟弟，每小时可走 6 里路，他离开你出门去了。你若照样画一张图，他离开你后，你坐在屋里，只要看看表，他走了多久，再看看图，就可以知道他离你有多远了。倘若你还清楚这条路沿途的地名，你当然可以知道他已到了什么地方，还要多长时间才能到达目的地。倘若他走后，你突然想起什么事，需要叮嘱他，正好有长途电话可用，只要沿途有地点可以和他通电话，你岂不是很容易就能找到打电话的时间和通话的地点吗?

这是一件很巧妙的事，已落了中国古代小说无巧不成书的老套。古往今来，有几个人碰巧会遇见这样的事?这有什么用场呢?你也许要这样找茬儿。然而这只是一个用来打比方的例子，照这样推想，我们一定能够绘制出一幅地球和月亮运行的图吧。从这上面，岂不是在屋里就可以看出任何时候地球和月亮的相互位置吗?这岂不是有了孟子所说的“天之高也，星辰之远也，苟求其故，千岁之日至，可坐而致也”那副神气吗?算学的野心，就是想把宇宙间的一切法则统括在几个式子或几张图上。

按现在说，这似乎是有些夸大了，姑且丢开，转到本题。算术上计算一道题，除了混合比例那一类以外，总只有一个答案，这个答案靠昨天所讲过的那种图，可以得出来吗?

当然可以，我们不是能够由图上看出来，张老大得 9 元钱的时候，宋阿二得的是 6 元钱吗?

不过，这种办法对于这样简单的题目虽是可以得出来，遇见较复杂的题目，就不那么方便了。比如，将题目改成这样:

张老大、宋阿二分 15 元，怎样分，张老大比宋阿二多得 3 元?

当然我们可以这样老老实实地去把解法找出来：张老大拿15元的时候，宋阿二1元都拿不到，相差的是15。张老大拿14元的时候，宋阿二可得1元，相差的是13……这样直到张老大拿9元，宋阿二得6元，相差正好是3，这便是答案。

这样的做法，就是对于这个很简单的题目，也需6次才能得出答案。遇到较复杂的题目，或是数目较大的，那就不胜其烦了。

而且，这样的做法，实在和买彩票差不多。从张老大拿15元，宋阿二得不着，相差15，不对题；马上就跳到张老大拿14元，宋阿二得1元，相差13，实在太胆大。为什么不看一看，张老大拿14.9元，14.8元……乃至于14.99元……的时候怎样呢?

喔！若是这样，那还了得！从15到9中间有无限的数，要依次看去，人寿几何？而且比15稍稍小一点儿的数，谁看见过它的面孔是圆的还是方的?

老老实实的办法，就不是办法！人是有理性的动物，变戏法要变得省力气、有把握，才会得到看客的赞赏呀！你们读过《伊索寓言》吧？书中不是说人学的猪叫比真的猪叫更符合人们的期待吗?

所以算术上的解法必须更巧妙一些。

下面，我就来讲交叉法原理。

照昨天的说法，我们无妨假设，两个量间有一定的关系，可以用一条线表示出来。——这里说假设，是虚心的说法，因为我们只讲过 3 个例子，不能冒冒失失地概括一切。其实，两个量的关系，用图线（不一定是直线）表示，只要这两个量是实量，总是可能的。——那么像刚刚举的这个例子，即包含两种关系：第一，两个人所得的钱的总和是 15；第二，两个人所得的钱的差是 3，每种关系都可画一条线来表示。

所谓一条线表示两个数量的一种关系，精确地说，就是无论从那条线上的哪一点，横看和竖看所得的两个数量都有同一的关系。

假如，表示两个数量的两种关系的两条直线是交叉的，那么，相交的地方当然是一个点，这个点便是一子双挑了，它继承这一房的产业，同时也继承另一房的产业。所以，由这一点横看竖看所得出的两个数量，既保有第一条线所表示的关系，同时也保有第二条线所表示的关系。换句话说，便是这两个数量同时具有题上的两个关系。

这样的两个数量，不用说，当然是题上所要的答案。

试将前面的例题画出图来看，那就非常明了了，如图 3-1 所示。

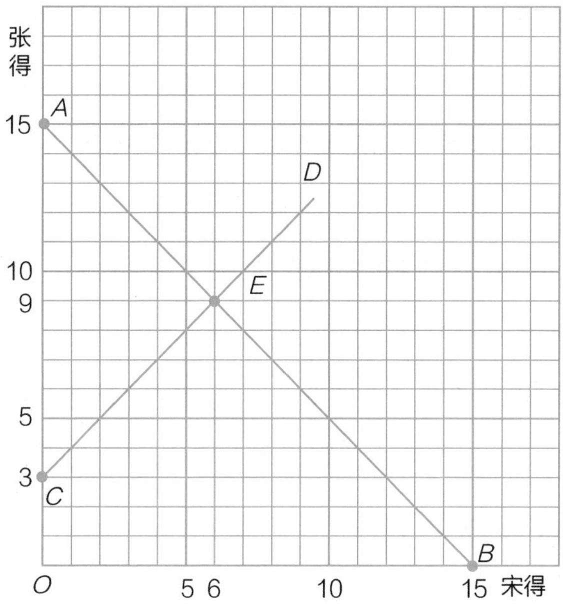

图 3-1 用图解说何为交叉法原理

第一个条件，“张老大、宋阿二分 15 元”，这是两人所得的钱的和一定，用线表示出来，便是 *AB*。

第二个条件，“张老大比宋阿二多得 3 元”，这是两人所得的钱的差一定，用线表示出来，便是 *CD*。

AB 和 *CD* 相交于 *E*，就是 *E* 点既在 *AB* 上，同时也在 *CD* 上，两条线所表示的条件它都包含。

由 *E* 横看过去，张老大得的是 9 元；竖看下来，宋阿二得的是 6 元。

正好，9 元加 6 元等于 15 元，就是 *AB* 线所表示的关系。

而 9 元比 6 元多 3 元，就是 *CD* 线所表示的关系。

E 点正是本题的答案。

“两线的交点同时包含着两线所表示的关系。”这就是交差原理。

下面，就这个原理再补充几句。

两线不止一个交点怎么办?

那就是这题不止一个答案。不过，此话是后话，暂且不讨论，以后连续的若干次讲课中都不会遇见这种情形。

两线没有交点又怎样?

那就是这题没有答案。

没有答案还成题吗?

不客气地说，你就可以说这题不通；客气一点儿说，你就说这题不可能。所谓不可能，就是照题上所给的条件，它的答案是不存在的。

比如，前面的例题，第二个条件，换成“张老大比宋阿二多得 16 元”，画出来，如图 3-2 所示，两直线便没有交点。事实上，这非常清晰，两个人分 15 元，无论怎样都不会有一个人比别一个人多得 16 元的。只有两人暂时将它放着生利息，连本带利到了 16 元以上再来分。然而，这已超出题目的范围了。

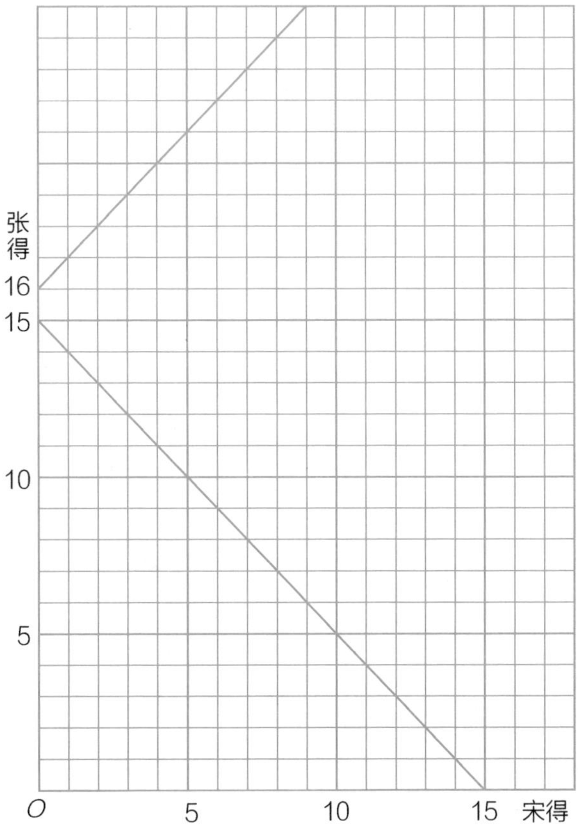

图 3-2 用图解说交叉法原理

教科书上的题目，是著书的人为了学习的人方便练习编造出来的，所以，只要不是排错，都会有答案。至于到了实际生活中，那就不一定有这样的运气。因此，注意题目是否可能，假如不可能，解释不可能的理由，这也是学习算学的人应当做的工作。

四 就讲和差算罢

例一：大小两数的和是 17，差是 5，求两数。

马先生侧着身子在黑板上写了这么一道题，转过来向大家扫视了一遍。

“周学敏，这道题你会算了吗？”周学敏也是一个对于学习算学感到困难的学生。

周学敏站起来，回答道：“这和前面的例子是一样的。”

“不错，是一样的，你试将图画出来看看。”

周学敏很规矩地走上讲台，迅速在黑板上将图画了出来，如图 4-1 所示。

马先生看了看，问：“得数是多少？”

“大数 11，小数 6。”

虽然周学敏得出了正确的答案，但他好像不是很满意，回到座位上，两眼迟疑地望着马先生。

马先生觉察到了，问：“你还放心不下什么？”

周学敏立刻回答道：“这样的画法是懂了，但这个题的算法还是不明白。”

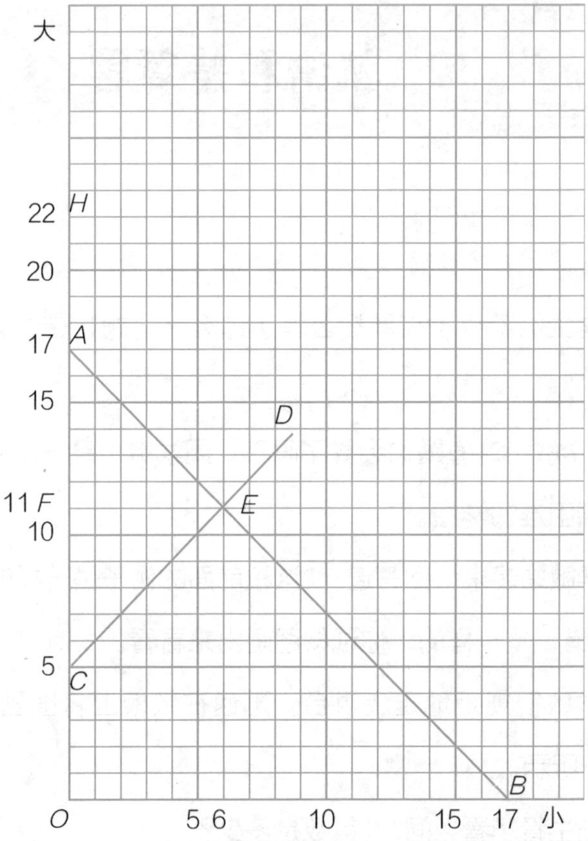

图 4-1　例一图解

马先生点了点头说：“这个问题很有意思。不过你们应当知道，这只是算法的一种，因为它比较具体而且可以依据一定的法则，所以很有价值。由这种方法计算出来以后，再仔细地观察、推究算术中的计算法，有时便可得出来。”

如图，*OA* 是两数的和，*OC* 是两数的差，*CA* 便是两数的和减去两数的差，*CF* 恰是小数，又是 *CA* 的一半。因此就本题说，便得出：

$$\begin{array}{l}(17-5)\div 2=12\div 2=6(\text{小数})\\ \;\vdots\quad\;\vdots\qquad\quad\;\vdots\qquad\;\;\vdots\\ \underbrace{OA\;OC}_{CA}\qquad CA\qquad CF\end{array}$$

$$\begin{array}{l}6\;+\;5\;=\;11(\text{大数})\\ \vdots\quad\;\vdots\quad\;\;\vdots\\ OA\;\;OC\;\;OF\end{array}$$

OF 即是大数，*FA* 又等于 *CF*，FA 加上 *OC*，就是图中的 *FH*，那么 *FH* 也是大数，所以 *OH* 是大数的二倍。由此，又可得出下面的算法：

$$\begin{array}{l}(17+5)\div 2=22\div 2=11(\text{大数})\\ \;\vdots\quad\;\vdots\qquad\quad\;\vdots\qquad\;\;\vdots\\ \underbrace{OA\;AH}_{OH}\qquad OH\qquad OF\end{array}$$

$$\begin{array}{l}11\;-\;5\;=\;6(\text{小数})\\ \vdots\quad\;\vdots\quad\;\;\vdots\\ OF\;\;OC\;\;CF\end{array}$$

记好了 *OA* 是两数的和，*OC* 是两数的差，由此可得出这类题的一般的公式：

（和 + 差）÷2= 大数，大数 − 差 = 小数；

或：

（和 − 差）÷2= 小数，小数 + 差 = 大数。

例二：大小两数的和为 20，小数除大数得 4，大小两数各是多少？

这道题的两个条件是：（1）两数的和为 20，这是和一定的关系；（2）小数除大数得 4，换句话说，大数是小数的 4 倍，这是倍数一定的关系。由（1）得图中的 *AB*，由（2）得图中的 *OD*。*AB* 和 *OD* 交于 *E*，如图 4-2 所示。

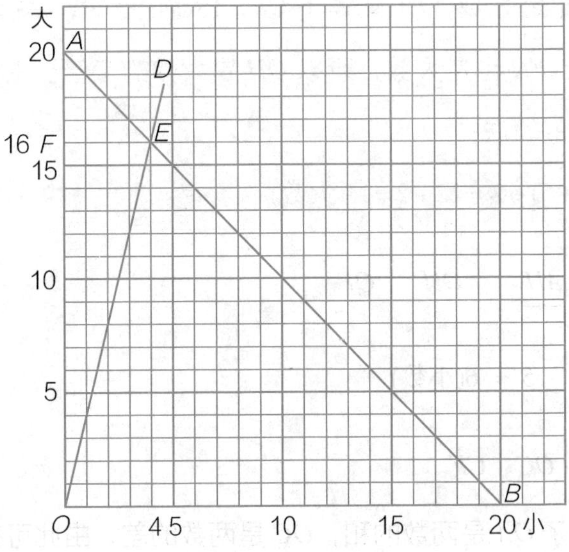

图 4-2　例二图解

由 *E* 横看得 16，竖看得 4。大数 16，小数 4，就是此题的答案。

“你们试由图上观察，发现本题的算法，以及计算这类题的公式。”马先生一边画图一边说。

大家都睁着双眼盯着黑板，还算周学敏勇敢：“*OA* 是两数的和，*OF* 是大数，*FA* 是小数。”

“好！ *FA* 是小数。”马先生好像对周学敏的这个发现感到惊异，“那么，*OA* 里一共有几个小数？”

“5 个。”周学敏回答。

“5 个？从哪里来的？”马先生再问。

“*OF* 是大数，大数是小数的 4 倍。*FA* 是小数，*OA* 等于 *OF* 加上 *FA*。4 加 1 是 5，所以有 5 个小数。”王有道回答。

“那么，本题应当怎样计算？”马先生问。

“用 5 去除 20 得 4，是小数；用 4 去乘 4 得 16，是大数。”我（李大成，后同）回答。

马先生静默了一会儿，提起笔在黑板上一边写一边说：“要这样，在理论上才算完全。”

$20 \div (4+1) = 4$——小数

$4 \times 4 = 16$——大数

接着他又问：“公式呢？”

大家差不多一齐说：“和 ÷（倍数 +1）= 小数，小数 × 倍数 = 大数。”

例三：大小两数的差是 6，大数是小数的 3 倍，求两数。

马先生将题目写出以后，随即将图画出，如图 4-3 所示，然后问：

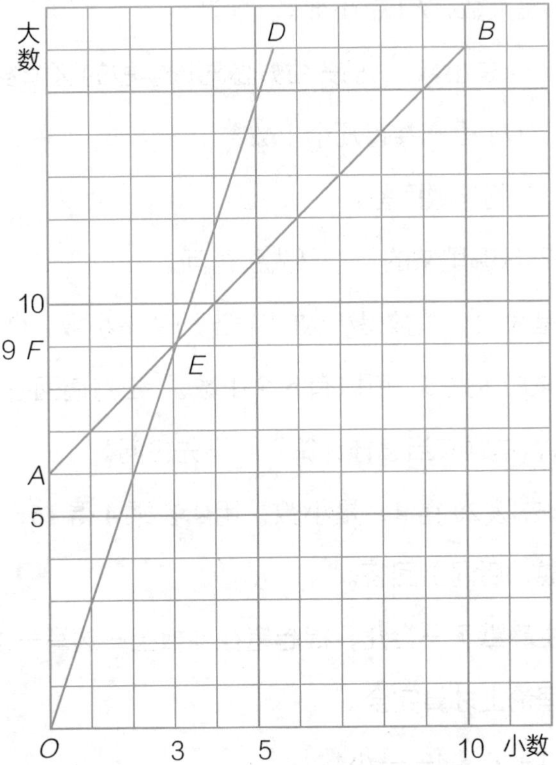

图 4-3 例三图解

“大数是多少？”

“9。”大家齐声回答。

“小数呢？”

“3。”大家异口同声。

“在图上，OA 是什么？”

“两数的差。”周学敏回答。

“OF 和 AF 呢？”

“OF 是大数，AF 是小数。”我抢着说。

“OA 中有几个小数？”

“3 减 1 个。”王有道不甘示弱地争着回答。

“周学敏，这题的算法怎样？”

“$6 \div (3-1)=6 \div 2=3$——小数，$3 \times 3=9$——大数。”

“李大成，计算这类题的公式呢？”马先生表示默许以后又问。

“差 ÷（倍数 −1）= 小数，小数 × 倍数 = 大数。”

例四：周敏和李成分 32 个铜板，周敏得的比李成得的 3 倍少 8 个，两人各得几个？

马先生在黑板上写完这道题目，板起脸望着我们，大家不禁哄堂大笑，但不久就静默下来，望着他。

马先生：“这回，古代文章有点儿难套用了，是不是？第一个条件两人分 32 个铜板，这是‘和一定的关系’，这条线自然容易画。第二个条件却是含有倍数和差，困难就在这里。王有道，表示第二个条件的线怎样画呢？”

王有道紧紧闭着双眼思索，右手的食指不停地在桌上画来画去。

马先生："西洋镜凿穿了，原是不值钱的。想想昨天讲过的3个例子的画线法，本质上毫无差别。现在不妨先来解决这样一个问题：'甲数比乙数的2倍多3'，怎样用线表示出来？

"在昨天我们讲最后3个例子的时候，每图都是先找出 *A*、*B* 两点来，再连结它们成一条直线，现在仍旧可以'照葫芦画瓢'。

"用横线表示乙数，纵线表示甲数。

"甲比乙的2倍多3，若乙是0，甲就是3，因而得 *A* 点。若乙是1，甲就是5，因而得 *B* 点。如图4-4所示。

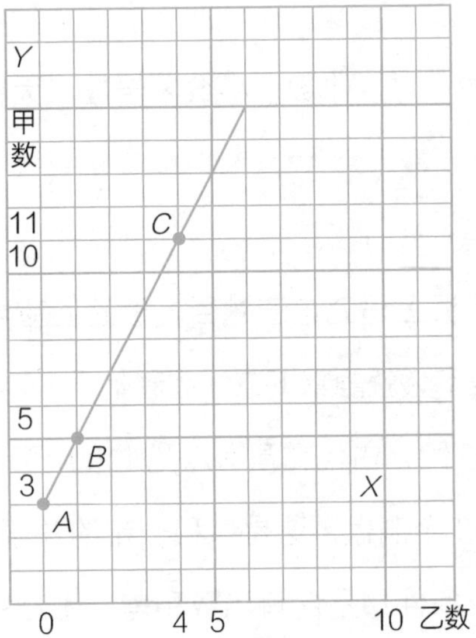

图 4-4　例四图解

“现在从 AB 上的任意一点，比如 C，横看得 11，竖看得 4，不是正合条件吗？

“若将表示小数的横线移到 $3x$，对于 $3x$ 和 $3y$ 来说，AB 不是正好表示两数定倍数的关系吗？

“明白了吗？”马先生很庄重地问。

大家以沉默表示已经明白。接着，马先生又问：

“那么，表示‘周敏得的比李成得的 3 倍少 8 个’，这条线怎么画？周学敏来画画看。”大家又笑一阵。周学敏在黑板上画成图 4-5 所示。

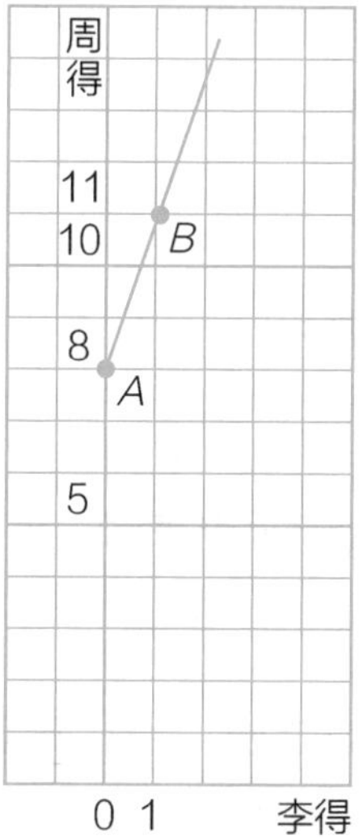

图 4-5 改变条件后的图解（一）

“由这图看来，李成 1 个钱不得的时候，周敏得多少？”马先生问。

“8 个。”周学敏回答。

“李成得 1 个呢？”

“周敏得 11 个。”有一个同学回答。

“那岂不是文不对题吗？”这一来大家又呆住了。

毕竟王有道的算学好，他说：“题目上是‘比 3 倍少 8’，不能这样画。”

“照你的意见，应当怎么画？”马先生问王有道。

“我不知道怎样表示‘少’。”王有道回答。

“不错，这一点需要特别注意。现在大家想，李成得 3 个的时候，周敏得几个？”

“1 个。”

“李成得 4 个的时候呢？”

“4 个。”

“这样 A、B 两点就能画出来了，连结 AB，如图 4-6 所示，对不对？”

“对——！”大家露出一点点得意忘形的神气，拖长了声音这样回答，简直和小学三四年级的学生一般，惹得马先生也笑了。

“再来变一变戏法，将 AB 和 OY 都向相反方向拉长，得交

点 E，如图 4-7 所示，OE 是多少？”

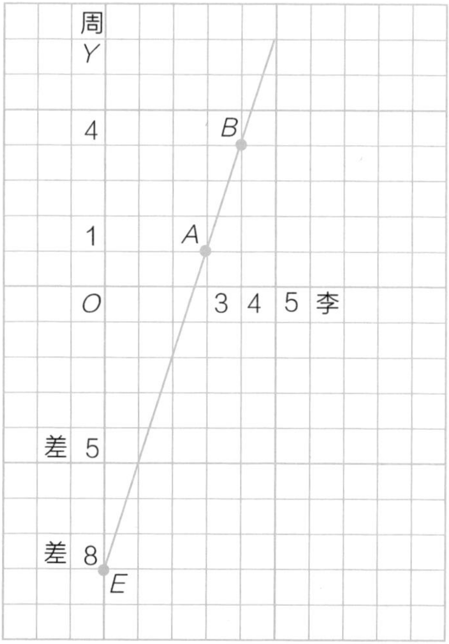

图 4-6 改变条件后的图解（二）

“8。”

“这就是‘少’的表示法。现在归到本题。”马先生接着画出了图 4-7。

“各人得多少？”

“周敏 22 个，李成 10 个。”周学敏回答。

“算法呢？”马先生问。

“(32 + 8) ÷ (32 + 1) = 40 ÷ 4 = 10——李成得的数。

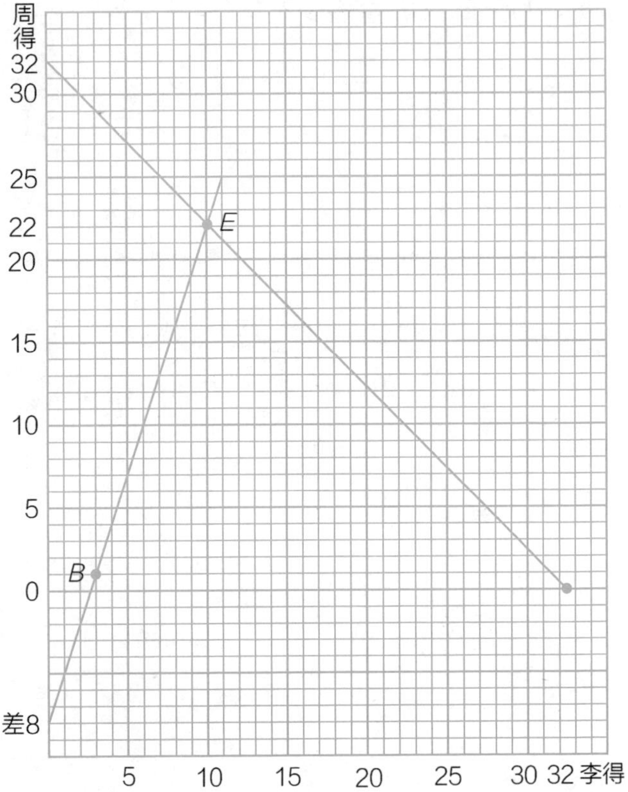

图 4-7　马先生的最终图解

10 × 3 − 8 = 30 − 8 = 22——周敏得的数。”我说。

“公式是什么？”

好几个人回答：

“(总数 + 少数) ÷ (倍数 +1) = 小数，

小数 × 倍数 − 少数 = 大数。”

例五：两数的和是 17，大数的 3 倍与小数的 5 倍的和是

63，求两数。

“我用这个题来结束这节课。你们能用画图的方法求出答案来吗？各人都自己算算看。”马先生写完了题这么说。

跟着，没有一个人不用铅笔、三角板在方格纸上画。——方格纸是马先生预先叫大家准备的。——这是很奇怪的事，没有一个人不比平常上课用心。同样都是学习，为什么有人被强迫着，反而不免想偷懒；没有人强迫，比较自由了，倒用心起来。这真是一个谜。

和小学生交语文作业给先生看，期望着先生说一声“好”，便回到座位上誊正一般，大家先后画好了拿给马先生看。这也是奇迹，八九个人全都做对了，而且时间相差也不过两分钟。这使马先生感到愉快，从他脸上的表情就可以看出来。不用说，各人的图，除了线有粗细以外，全是一样，简直像是印版印的。

各人回到座位上坐下来，静候马先生讲解。他却不讲什么，突然问王有道：“王有道，这道题用算术的方法怎样计算？你来给我代课，讲给大家听。”马先生说完了就走下讲台，让王有道去做临时先生。

王有道虽然有点儿腼腆，但最终还是上了讲台，拿着粉笔，做起先生来。

“两数的和是 17，换句话说，就是：大数的一倍与小数的一倍的和是 17，所以用 3 去乘 17，得出来的便是：大数的 3 倍与小数的 3 倍的和。

“题目上第二个条件是大数的 3 倍与小数的 5 倍的和是 63，所以若从 63 里面减去 3 乘 17，剩下的数里，只有‘5 减去 3’个小数了。”王有道很神气地说完这几句话后，便默默地在黑板上写出下面的式子，写完低着头走下讲台。

$(63-17\times 3)\div(5-3)=12\div 2=6$——小数

$17-6=11$——大数

马先生接着上了讲台：“这个算法，你们大概都懂得了吧？我想你们依了前几个例子的样儿，一定要问：‘这个算法怎样从图上可以观察出来呢？’这个问题把我难住了。我只好回答你们，这是没有法子的。你们已学过了一点代数，知道用方程式来解算术中的四则问题。有些题目，也可以由方程式的计算找出算术上的算法，并且对那算法加以解释。但有些题目，要这样做却很勉强，而且有些简直勉强不来。各种方法都有各自的适用性，这里不能和前几个例子一样，由图 4-8 找出算术中的计算法，也就因为这个。

“不过，这种方法比较具体而且确定，所以用来解决问题比较便当。由它虽有时不能直接得出算术的计算法来，但一个题已有了答案就比较易于推敲。对于算术方法的思索，这也是一种好处。

“这一课就这样完结吧。”

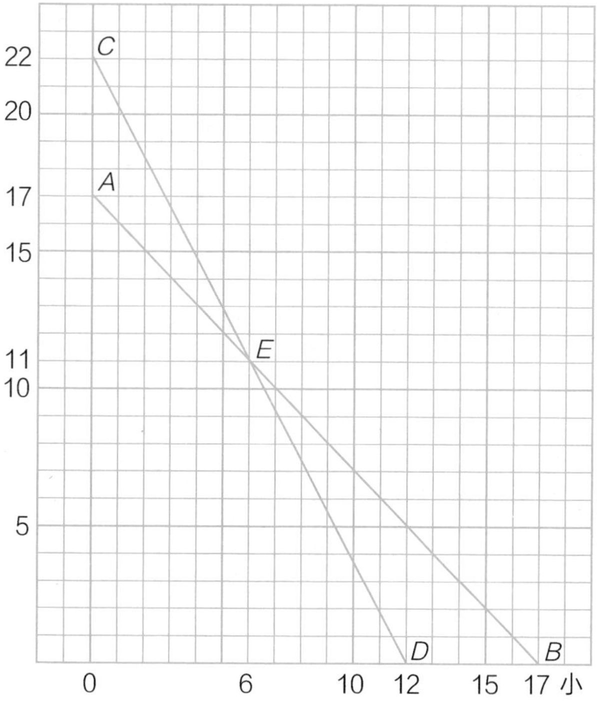

图 4-8 例五图解

五 “追赶上前”的话

“讲第三节课的时候，我曾经说过，倘若你有了一张图，坐在屋里，看看表，又看看图，随时就可知道你出了门的弟弟离开你有多远。这次我就来讲关于走路这一类的问题。”马先生今天这样开场。

例一：赵阿毛上午 8 点由家中动身到城里去，每小时走 3 里。上午 11 点，他的儿子赵小毛发现他忘了带应当带到城里去的东西，便拿着东西从后面追去。赵小毛若每小时走 5 里，什么时候可以追上赵阿毛？

这题只需用第二节课的最后一个作基础便可解答出来。用横线表示路程，每一小段 1 里；用纵线表示时间，每两小段 1 小时。——纵横线用作单位 1 的长度，无妨各异，只要表示得明白，如图 5-1 所示。

因为赵阿毛是上午 8 点由家中动身的，所以时间就用上午 8 点作起点。赵阿毛每小时走 3 里，他走的行程和时间是“定倍数”的关系，画出来就是 *AB* 线。

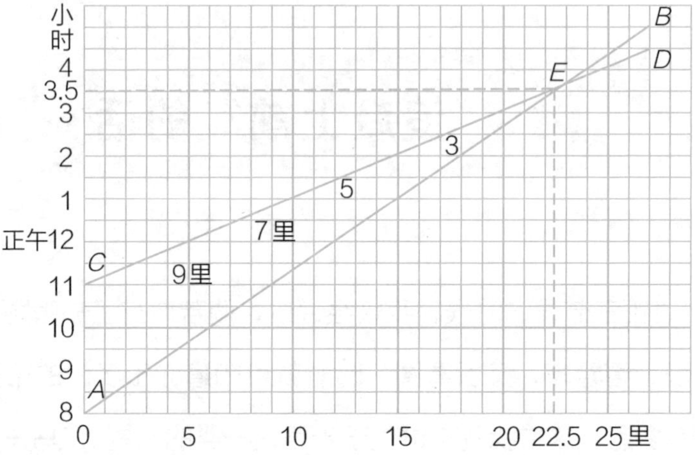

图 5-1　例一图解

赵小毛是上午 11 点动身的，他走的行程和时间对于交在 *C* 点的纵横线来说，也是“定倍数”的关系，画出来就是 *CD* 线。

AB 和 *CD* 交于 *E*，赵阿毛和赵小毛父子俩在这儿碰上了。

从 *E* 点横看，是下午三点半，这就是答案。

“你们仔细看这个，比上次的有趣味。”趣味？今天马先生从走进课堂直到现在，都是板着面孔的，我还以为他有什么不高兴的事，或是身体不适呢！听到这两个字，知道他将要说什么趣话了，精神不禁为之一振。但是仔细看一看图，依然和上次的各个例题一样，只有两条直线和一个交点，真不知道马先生说的趣味在哪里。别人大概也和我一样，没有看出什么特别的趣味，所以整个课堂上，只有静默。打破这静默的，自然只有马先生：

“看不出吗？不是真正的趣味‘横’生吗？”

马先生的这个“横”字说得特别响，同时右手拿着粉笔朝着黑板上的图横着一画。我们还是猜不透这个谜。

“大家横着看！看两条直线间的距离！”马先生这么一提示，大家都去看那两条线间的距离。

“看出了什么？”马先生静了一下问。

“越来越短，最后变成了零。”周学敏回答。

“不错！但这表示什么意思？”

“两人越走越近，到后来便碰在一起了。”王有道回答。

“对的。那么，赵小毛动身的时候，两人相隔几里？”

“9 里。”

“走了 1 小时呢？”

“7 里。”

“再走 1 小时呢？”

“5 里。”

“每走 1 小时，赵小毛赶上赵阿毛几里？”

“2 里。”这几次差不多都是齐声回答，课堂显得格外热闹。

“这 2 里从哪里来？”

“赵小毛每小时走 5 里，赵阿毛每小时只走 3 里，5 里减去 3 里，便是 2 里。”我抢着回答。

“好！两人先相隔 9 里，赵小毛每小时能够追上 2 里，那么几小时可以追上？用什么算法计算？”马先生这次向着我问。

“用 2 去除 9 得 4.5。”我答。

马先生又问：“最初相隔的 9 里怎样来的呢？”

“赵阿毛每小时走 3 里，上午 8 点动身，走到上午 11 点，一共走了 3 小时，三三得九。”另一个同学这么回答。

在这以后，马先生就写出了下面的算式：

3 里 / 小时 × 3 小时 ÷ (5 里 / 小时 − 3 里 / 小时)=9 里 ÷ 2 里 / 小时 =4.5 小时——赵小毛走的时间

11 时 + 4.5 时 − 12 时 =3.5 时——即下午 3 点半

“从这次起，公式不写了，让你们去如法炮制吧。从图上还可以看出来，赵阿毛和赵小毛相遇的地方，距家 22.5 里。若是将 *AE*、*CE* 延长，两线间的距离又越来越长，但 *AE* 翻到了 *CE* 的上面。这就表示，若他们父子碰到以后，各自仍继续前进，赵小毛便走在了赵阿毛前面，并且二人越离越远。”

试将这个题改成“甲每时行 3 里，乙每时行 5 里，甲动身后 3 小时，乙去追他，几时能追上？”这就更一般了，画出图来，当然和前面的一样。不过表示时间的数字需换成 0, 1, 2, 3⋯

例二：甲每小时行 3 里，动身后 3 小时，乙去追他，4.5 小时追上，乙每小时行几里？

如图 5-2 所示，对于这个题，表示甲走的行程和时间的线 *AB*，自然谁都会画了。而表示乙走的行程和时间的线，经过马先生的指导，大家都知道：因为乙是在甲动身后 3 小时才动身，故而得 *C* 点。又因为乙追了 4.5 小时赶上甲，这时甲正走到 *E*，而得 *E* 点，连结 *CE*，就是所求的线。再看每过 1 小时，横线对应增加 5，所以知道乙每小时行 5 里。这真是马先生说的趣味横生了。

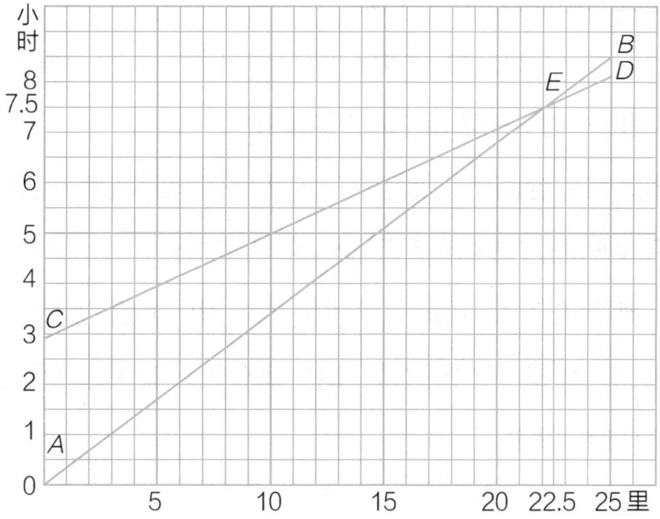

图 5-2　例二图解

不但如此，图 5-2 明明白白地指示出来：甲 7.5 小时走的路程是 22.5 里，乙 4 小时半走的也正是这么多，所以很容易就能想出这题的算法。

3 里 / 小时 ×（3 小时 + 4.5 小时）÷4.5 小时 = 22.5 里 ÷ 4.5 小时 = 5 里 / 小时——乙每小时走的里数

但是马先生的主要目的不在讨论这题的算法上，当我们得到了答案和算法后，他又写出下面的例题。

例三：甲每小时行 3 里，动身后 3 小时，乙去追他，追到 22.5 里的地方追上，求乙的速度。

跟着例二来解这个问题，真是十分轻松，不必费心思索，就知道应当这样算：

22.5 里 ÷（22.5 里 ÷3 里 / 小时 − 3 小时）= 22.5 里 ÷ 4.5 小时 = 5 里 / 小时——乙每小时走的里数

图大家都会画了，而且这一连 3 个例题的图简直就是一样的，只是画的方法或说明不同。甲走了 7.5 小时，比乙多走 3 小时，则乙走了 4.5 小时，路程是 22.5 里。上面的计算法，由图上看来，真是“了如指掌”啊！我今天才深深地感到对算学有这么浓厚的兴趣！

马先生在大家算完这题以后总结道：

“由这 3 个例子来看，一个图可以表示几个不同的题，只是着眼点和说明不同。这不是很有趣味吗？原来例二、例三都是从例一转化来的，虽然面孔不同，本质却没有两样。这类问题的根本都是距离、时间、速度的关系。你们应该已经明白：

“速度 × 时间 = 距离。

“由此演化出来，便得：

“速度 = 距离 ÷ 时间，时间 = 距离 ÷ 速度。”

我们说：

“赵阿毛的儿子是赵小毛，老婆是赵大嫂子。

“赵大嫂子的老公是赵阿毛，儿子是赵小毛。

“赵小毛的妈妈是赵大嫂子，爸爸是赵阿毛。”

这 3 句话，表面上看起来自然不一样，立足点也不同，从文学上带给我们的意味、语感也不同，但表示的根本关系却只有一个，如图 5-3 所示。

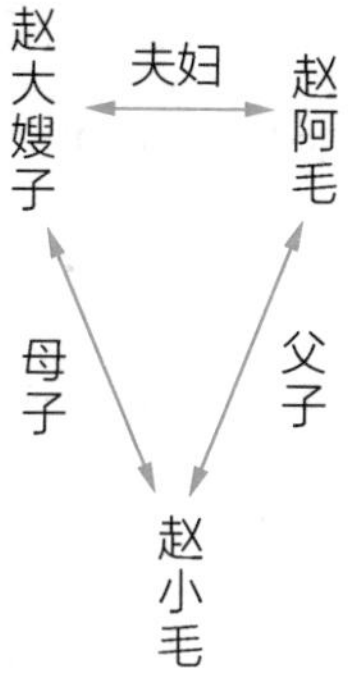

图 5-3 图解距离、速度、时间之间的关系

照这种情形，将例一先分析一下，我们可以获得下面各元素以及元素间的关系：

1. 甲每小时行 3 里。

2. 甲先走 3 小时。

3. 甲共走 7.5 小时。

4. 甲、乙都走了 22.5 里。

5. 乙每小时行 5 里。

6. 乙共走 4.5 小时。

7. 甲每小时所走的里数（速度）乘以所走的时间，得甲走的距离。

8. 乙每小时所走的里数（速度）乘以所走的时间，得乙走的距离。

9. 甲、乙所走的距离相等。

10. 甲、乙每小时所行的里数相差 2。

11. 甲、乙所走的小时数相差 3。

1 到 6 是这题所含的 6 个元素。一般地说，只要知道其中 3 个，便可将其余的 3 个求出来。如例一，知道的是 1、5、2，而求得的是 6，但由 2、6 便可得 3，由 5、6 就可得 4。例二，知道的是 1、2、6，而求得 5，由 2、6 当然可得 3，由 6、5 便得 4。例三，知道的是 1、2、4，而求得 5，由 1、4 可得 3，由 5、4 可得 6。

不过也有例外，如 1、3、4，因为 4 可以由 1、3 得出来，所以不能成为一个题。2、3、6只有时间，而且由2、3就可得6，也不能成题。再看4、5、6，由4、5可得6，一样不能成题。

从6个元素中取出3个来做题目，照理可成20个。除了上面所说的不能成题的3个，以及前面已举例的3个，还有14个。这14个的算法，当然很容易推知，画出图来和前3个例子完全一样。为了便于比较、研究，逐一写在后面。

例四：甲每小时行3里，走了3小时乙才动身，他共走了7.5小时被乙赶上，求乙的速度。

3里/小时×7.5小时÷(7.5小时−3小时)=5里/小时——乙每小时所行的里数

例五：甲每小时行3里，先动身，乙每小时行5里，从后面追他，只知甲共走了7.5小时，被乙追上，求甲先动身几小时？

7.5小时−3里/小时×7.5小时÷5里/小时=3小时——甲先动身3小时

例六：甲每小时行3里，先动身，乙从后面追他，4.5小时追上，而甲共走了7.5小时，求乙的速度。

3里/小时×7.5小时÷4.5小时=5里/小时——乙每小时所行的里数

例七：甲每小时行3里，先动身，乙每小时行5里，从后面追他，走了22.5里追上，求甲先走的时间。

22.5 里 ÷ 3 里 / 小时 − 22.5 里 ÷ 5 里 / 小时 = 7.5 小时 − 4.5 小时 = 3 小时——甲先走 3 小时

例八：甲每小时行 3 里，先动身，乙追 4.5 小时，共走 22.5 里追上，求甲先走的时间。

22.5 里 ÷ 3 里 / 小时 − 4.5 小时 = 7.5 小时 − 4.5 小时 = 3 小时——甲先走 3 小时

例九：甲每小时行 3 里，先动身，乙从后面追他，每小时行 5 里，4.5 小时追上，甲共走了几小时？

5 里 / 小时 × 4.5 小时 ÷ 3 里 / 小时 = 22.5 里 ÷ 3 里 / 小时 = 7.5 小时——甲共走 7.5 小时

例十：甲先走 3 小时，乙从后面追他，在距出发地 22.5 里的地方追上，甲共走了 7.5 小时，求乙的速度。

22.5 里 ÷（7.5 小时 − 3 小时）= 22.5 里 ÷ 4.5 小时 = 5 里 / 小时——乙每小时所行的里数

例十一：甲先走 3 小时，乙从后面追他，每小时行 5 里，到甲共走 7.5 小时的时候追上，求甲的速度。

5 里 / 小时 ×（7.5 小时 − 3 小时）÷ 7.5 小时 = 22.5 里 ÷ 7.5 小时 = 3 里 / 小时——甲每小时所行的里数

例十二：乙每小时行 5 里，在甲走了 3 小时的时候动身追甲，乙共走 22.5 里追上，求甲的速度。

22.5 里 ÷（22.5 里 ÷ 5 里 / 小时 + 3 小时）= 22.5 里 ÷ 7.5 小时 = 3 里 / 小时——甲每小时所行的里数

例十三：甲先动身 3 小时，乙用 4.5 小时，走 22.5 里路追上甲，求甲的速度。

22.5 里 ÷（3 小时 + 4.5 小时）= 22.5 里 ÷ 7.5 小时 = 3 里 / 小时——甲每小时所行的里数

例十四：甲先动身 3 小时，乙每小时行 5 里，从后面追他，走 4.5 小时追上，求甲的速度。

5 里 / 小时 × 4.5 小时 ÷（3 小时 + 4.5 小时）=22.5 里 ÷ 7.5 小时 = 3 里 / 小时——甲每小时所行的里数

例十五：甲 7.5 小时走 22.5 里，乙每小时行 5 里，在甲动身若干小时后动身，正追上甲，求甲先走的时间。

7.5 小时 − 22.5 里 ÷ 5 里 / 小时 = 7.5 小时 − 4.5 小时 = 3 小时——甲先走 3 小时

例十六：甲动身后若干时，乙动身追甲，甲共走 7.5 小时，乙共走 4.5 小时，所走的距离为 22.5 里，求各人的速度。

22.5 里 ÷ 7.5 小时 = 3 里 / 小时——甲每小时所行的里数

22.5 里 ÷ 4.5 小时 = 5 里 / 小时——乙每小时所行的里数

例十七：乙每小时行 5 里，在甲动身若干时后追他，到追上时，甲共走了 7.5 小时，乙只走 4.5 小时，求甲的速度。

5 里 / 小时 × 4.5 小时 ÷ 7.5 小时 = 22.5 里 ÷ 7.5 小时 = 3 里 / 小时——甲每小时所行的里数

在这 17 个题中，第十六题只是应有的文章，严格地说，已不成一个题了。将这些题对照图来看，比较它们的算法，可以知道：将一个题中的已知元素和所求元素对调而组成一个新题，这两个题的计算法的更改有一定法则。大体说来，新题的算法对于被调的元素来说，正是原题算法的还原，加减互变，乘除也互变。

前面每一题都只求一个元素，若将各未知的三元素作一题，实际就成了 48 个。还有，甲每小时行 3 里，先走 3 小时，就是先走 9 里，这也可用来代替第二元素，而和其他两个元素组成若干题。这样推究下去，多么有趣！而且，这对于研究学问实在是一种很好的训练。

本来无论什么题，都可以下这么一番功夫探究的，但前几次的例子比较简单，变化也就少一些，所以不曾说到。而举一反三，正好是一个练习的机会，以后也不再这么不怕麻烦地讲了。

这样推究，学会了一个题的计算法，便可悟到许多关系相同、形式各样的题的算法，不止“举一反三”，简直要“闻一以知十”了，这使我觉得无比快乐！我现在才感到算学不是枯燥的学科。

马先生花费许多精力教给我们探索题目的方法，时间已过去不少，但他还要不辞辛苦地继续讲下去。

例十八：甲、乙两人在东西相隔 14 里的两地，同时相向动身，甲每小时行 2 里，乙每小时行 1.5 里，两人几时在途中相遇？

这差不多算是我们自己做出来的，马先生只告诉我们应当注意两点：第一，甲和乙走的方向相反，所以甲从 C 向 D，乙就从 A 向 B，AC 相隔 14 里；第二，因为题上所给的数都不大，图上的单位应取大一些——都用二小段当一——这样图才好看，做算学也需兼顾好看，如图 5-4 所示。

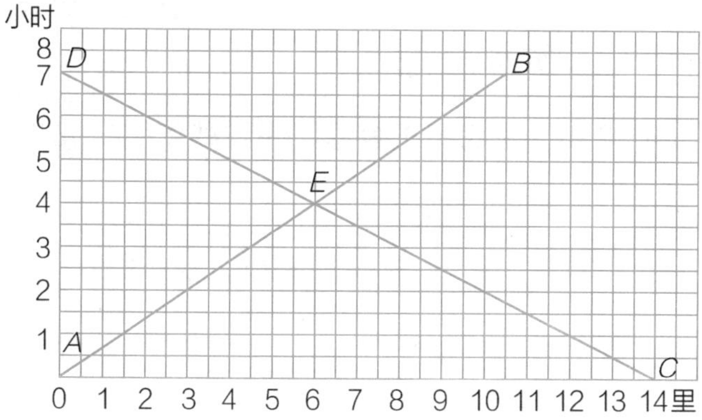

图 5-4 例十八图解

由 E 点横看得 4，自然就是 4 小时两人在途中相遇了。

“趣味横生”，横向看去，甲、乙两人每走 1 小时将近 3.5 里，就是甲、乙速度的和，所以算法也就出来了：

14 里 ÷（2 里 / 小时 + 1.5 里 / 小时）= 14 里 ÷ 3.5 里 / 小时 = 4 小时——所求的小时数

这算法，没有一个人不对，算学真是人人能领受的啊！

马先生高兴地提出下面的问题，要我们回答算法。当然，这更不是什么难事！

1. 两人相遇的地方，距东西各几里？

2 里 / 小时 × 4 小时 = 8 里——距东的里数

1.5 里 / 小时 × 4 小时 = 6 里——距西的里数

2. 甲到了西地，乙还距东地几里？

14 里 − 1.5 里 / 小时 ×（14 里 ÷ 2 里 / 小时）= 14 里 − 10.5 里 = 3.5 里——乙距东的里数

下面的推究，是我和王有道、周学敏依照马先生的前例做的。

例十九：甲、乙两人在东西相隔 14 里的两地，同时相向动身，甲每小时行 2 里，走了 4 小时，两人在途中相遇，求乙的速度。

（14 里 − 2 里 / 小时 × 4 小时）÷ 4 小时 = 6 里 ÷ 4 小时 = 1.5 里 / 小时——乙每小时行的里数

例二十：甲、乙两人在东西相隔14里的两地，同时相向动身，乙每小时行1.5里，走了4小时，两人在途中相遇，求甲的速度。

（14里－1.5里/小时×4小时）÷4小时＝8里÷4小时＝2里/小时——甲每小时行的里数

例二十一：甲、乙两人在东西两地，同时相向动身，甲每小时行2里，乙每小时行1.5里，走了4小时，两人在途中相遇，两地相隔几里？

（2里/小时＋1.5里/小时）×4小时＝3.5里/小时×4小时＝14里——两地相隔的里数

这个例题所含的元素只有4个，所以只能组成4个形式不同的题，自然比马先生所讲的前一个例子简单得多。不过，我们能够这样穷追不舍，心中确实感到无比愉快！

下面又是马先生所提示的例子。

例二十二：从宋庄到毛镇有20里，何畏4小时走到，苏绍武5小时走到，两人同时从宋庄动身，走了3.5小时，相隔几里？走了多长时间，相隔3里？

马先生说，这个题目的要点，在于正确地指明解法所在。他将表示甲和乙所走的行程、时间的关系的线画出以后（如图5-5所示），这样问：

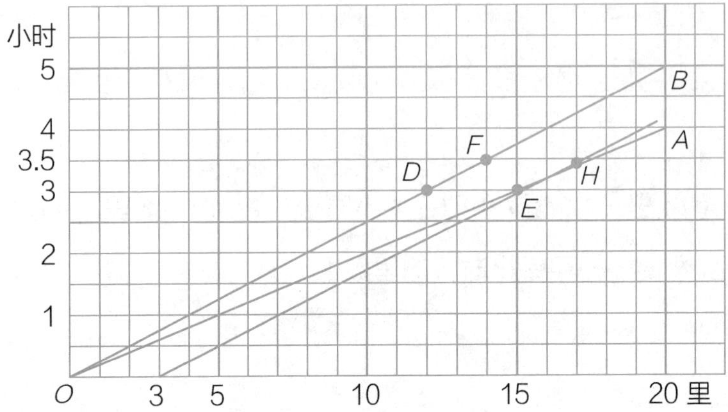

图 5-5　例二十二图解

“走了 3.5 小时，相隔的里数，怎样表示出来？”

“从 3.5 小时的那一点画条横线，与两直线相交于 *FH*，*FH* 间的距离——3.5 里，就是所求的。”

“那么，几时相隔 3 里呢？”

由图上，很清晰地可以看出来：走了 3 小时，就相隔 3 里。但怎样通过画图求解，我们被难住了。

马先生见没人回答，便说：“你们难道没有留意过斜方形吗？”随即在黑板上画了一个 *ABCD* 四边形（如图 5-6 所示），接着说：

“你们看图上 *AD*、*BC* 是平行的，*AB*、*DC* 以及 *AD*、*BC* 间的横线也都是平行的，而且还一样长。应用这个道理，图 5-5 过距 *O* 点 3 里的一点，画一条线和 *OB* 平行，它与 *OA* 交于 *E*。

在 E 这点两线间的距离正好指示为 3 里，而横向看去，是 3 小时，这便是答案。”

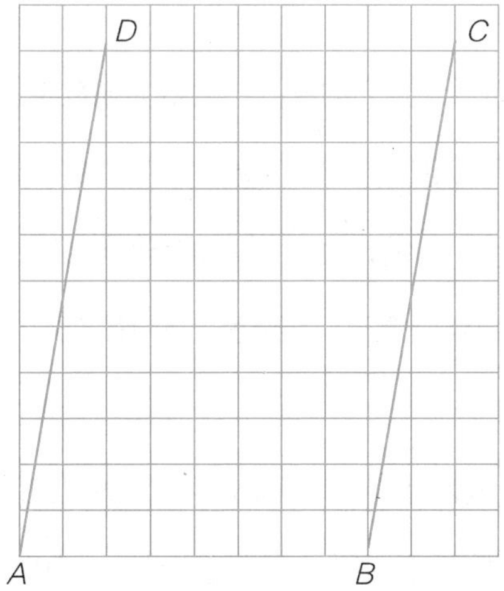

图 5-6 画个斜方形

至于这题的算法，不用说，很简单，马先生大概因此不曾提起，我补充在下面：

（20 里 ÷ 4 里 / 小时 − 20 里 ÷ 5 里 / 小时）× 3.5 小时 = 3.5 里——走了 3.5 小时相隔的里数

3 里 ÷（20 里 ÷ 4 里 / 小时 − 20 里 ÷ 5 里 / 小时）= 3 小时——相隔 3 里所需的时间

跟着，马先生所提出的例题更复杂、有趣了。

例二十三：甲每 10 分钟走 1 里，乙每 10 分钟走 1.5 里。甲动身 50 分钟时，乙从甲出发的地点动身去追甲。乙走到 6 里的地方想起忘带东西了，马上回到出发处寻找。他花费 50 分钟找到了东西，加快速度，每 10 分钟走 2 里去追甲。若甲在乙动身转回时，休息过 30 分钟，乙在什么地方追上甲？

“先来讨论表示乙所走的行程和时间的线的画法。”马先生说，“这里有五点需注意：1. 出发的时间比甲迟 50 分钟；2. 出发后每 10 分钟行 1.5 里；3. 走到 6 里便回头，速度没有变；4. 在出发地停了 50 分钟才第二次动身；5. 第二次的速度为每 10 分钟行 2 里。

“依第一点，就时间说，应从 50 分钟的地方画起，因而得 *A*。从 *A* 起依照第二点，每一单位时间——10 分钟——1.5 里的定倍数，画直线到 6 里的地方，得 *AB*。

“依第三点，从 *B* 折回，照同样的定倍数画线，正好到 130 分钟的 *C*，得 *BC*。

“依第四点，虽然时间一分一秒地过去，乙却没有离开一步，即 50 分钟都停着不动，所以得 *CD*。

“依第五点，从 *D* 起，每单位时间以 2 里的定倍数行走，画直线 *DF*，如图 5-7 所示。

“至于表示甲所走的行程和时间的线，却比较简单，始终是一定的速度前进，只有在乙达到 6 里（*B*）——正是 90 分钟，甲达到 9 里时，他休息了（停着不动）30 分钟，然后继续前进，

因而这条线是 GH、IJ。

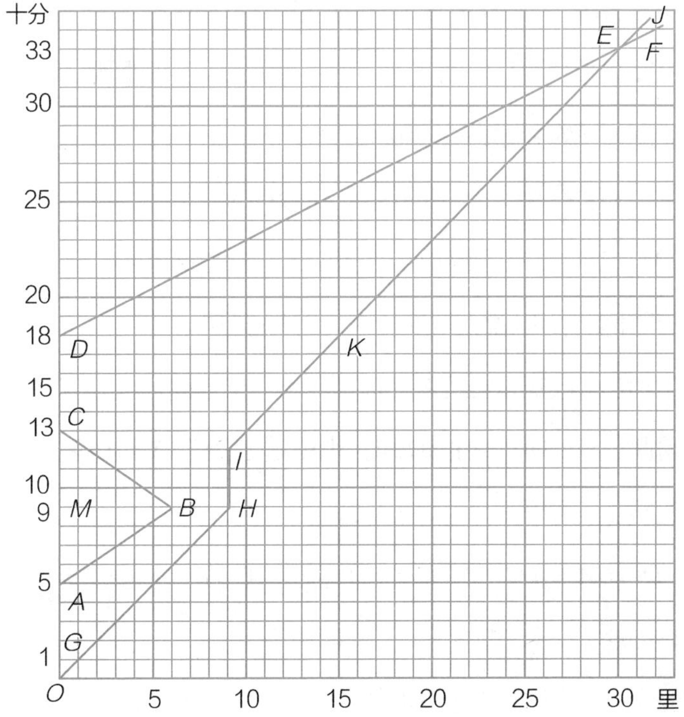

图 5-7 例二十三图解

"两线相交于 E 点，从 E 点往下看得 30 里，就是乙在距出发点 30 里的地点追上甲。"

"从图 5-7 上能够观察出算法来吗？"马先生问。

"当然可以的。"没有人回答，他自己说，接着就讲了计算法。

老实说，这个题从图上看去，就和乙在 D 所指的时间，用每 10 分钟 2 里的速度从后面去追甲一样。但甲这时已走到 K，所以乙需追上的里数，就是 *DK* 所指示的。

倘若知道了 *GD* 所表示的时间，那么除掉甲在 *HI* 休息的 30 分钟，便是甲从 *G* 到 *K* 所用的时间，用它去乘甲的速度，得出来的即是 *DK* 所表示的距离。

图上 *GA* 是甲先走的时间，50 分钟。

AM、*MC* 都是乙以每 10 分钟行 1.5 里的速度，走了 6 里所花费的时间，所以都是（6÷1.5）个 10 分钟。

CD 是乙寻找东西花费的时间——50 分钟。

因此，*GD* 所表示的时间，也就是乙第二次动身追甲时，甲已经在路上花费的时间，应当是：

$GD=GA+AM\times2+CD=$ 50 分 +10 分 ×（6÷1.5）×2+50 分 =180 分

但甲在这段时间内，休息过 30 分钟，所以，在路上走的时间只是：

180 分 −30 分 =150 分

而甲的速度是每 10 分钟 1 里，因而，DK 所表示的距离是：

1 里 /10 分钟 ×（150÷10）=15 里

乙追上甲从第二次动身所用的时间是：

15 里 ÷（2 里 /10 分钟 −1 里 /10 分钟）=15——15 个 10 分钟

乙所走的距离是：

2 里 /10 分钟 × 15 个 10 分钟 = 30 里

这题真是曲折，要不是有图对着看，这个算法，我是很难听懂的。

马先生说：“我再用一个例题来作这一课的收场。”

例二十四：甲、乙两地相隔 1 万公尺，每隔 5 分钟同时对开一部电车，电车的速度为每分钟 500 公尺。冯立人从甲地乘电车到乙地，在电车中和对面开来的车两次相遇，中间隔几分钟？又从开车到乙地之间，和对面开来的车相遇几次？

题目写出后，马先生和我们进行了下面的问答。

“两地相隔 1 万公尺，电车每分钟行 500 公尺，几分钟可走一趟？”

“20 分钟。”

“倘若冯立人所乘的电车是对面刚开到的，那么这部车是几时从乙地开过来的？”

“前 20 分钟。”

“这部车从乙地开出，再回到乙地共需多长时间？”

“40 分钟。”

“乙地每 5 分钟开来一部电车，40 分钟共开来几部？”

“8 部。”

经过这样一番讨论，马先生将图画了出来，还有什么难懂的呢?

由图 5-8 所示，一眼就可得出，冯立人在电车中，和对面开来的电车相遇两次，中间相隔的是 2.5 分钟。

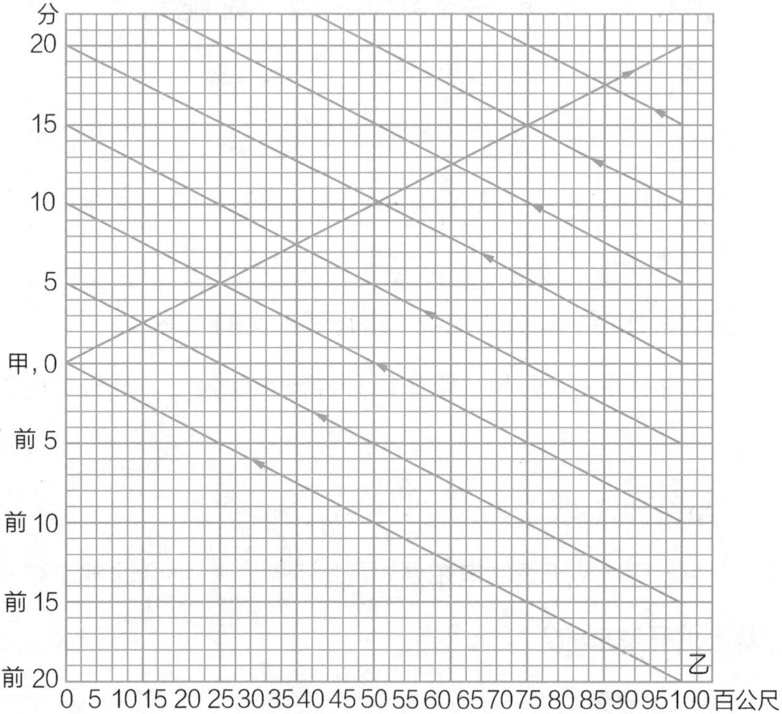

图 5-8　例二十四图解

而从开车到乙地，中间和对面开来的车相遇 7 次。

算法是这样：

10000 公尺 ÷ 500 公尺 / 分钟 = 20 分钟——走一趟的时间

20 分钟 × 2 = 40 分钟——来回一趟的时间

40 分钟 ÷ 5 分钟 = 8——一部车自己来回一趟，中间乙所开的车数

20 分钟 ÷ 8 = 2.5 分钟——和对面开来的车相遇两次，中间相隔的时间

8 次 - 1 次 = 7 次——和对面开来的车相遇的次数

“这课到此为止，但我还得拖个尾巴，留个题给你们自己去做。”说完，马先生写出下面的题，匆匆地退出课堂，他额上的汗珠已滚到颊上了。

今天足足在课堂上坐了两个半小时，回到寝室里，我觉得很疲倦，但对于马先生出的题，不知为什么，还想继续探究一番，于是决心独自试做。总算“有志者事竟成”，费了 20 分钟，居然成功了。但愿经过这个暑假，我能够找到得心应手的算学学习方法！

例二十五：甲、乙两地相隔 3 英里，电车每时行 18 英里，从上午 5 时起，每 15 分钟两地各开车一部。阿土上午 5:01 从甲地电车站开始顺着电车轨道步行，于 6:05 到乙地车站。阿土在路上碰到往来的电车共几次？第一次是在什么时间和什么地点？

答案：如图 5-9 所示。

阿土共碰到往来电车共 8 次。

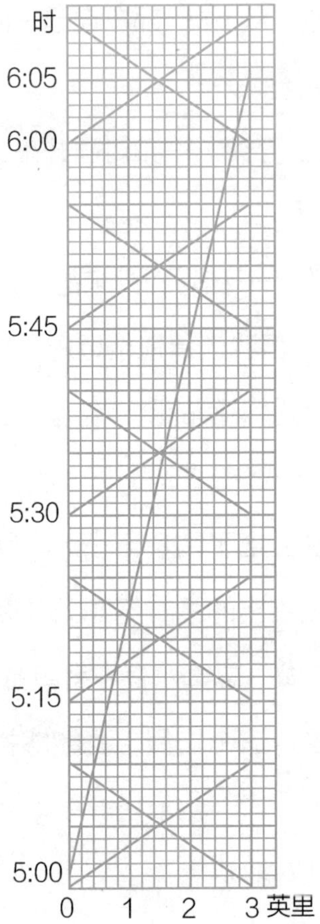

图 5-9　例二十五图解

第一次约在上午 5 时 8 分半多。

第一次离甲地 0.36 英里。

六 时钟的两只针

“这次讲一个许多人碰到后都会有点儿莫名其妙的题目。”说完，马先生在黑板上写出下面的例题：

例一：时钟的长针和短针，在 2 时至 3 时间，什么时候会碰在一起？

我知道，这个题王有道确实是会算的，但奇怪的是马先生写完题目以后，他却一声不吭。下课后我问他，他的回答是：“会算是会算，但听听马先生有什么别的讲法，不是更有益处吗？”我听了他的这番话，不免有些惭愧。对于已经懂得的东西，我往往不喜欢再听先生讲，这着实是个缺点。

“这题的难点在哪里？”马先生问。

“两只针都是在钟面上转，长针转得快，短针转得慢。”我大胆地回答。

“不错！不过，仔细想一想便没有什么困难了。”马先生这样回答，并且接着说：

“无论是跑圆圈，还是跑直路，总是在一定的时间内走过了一定的距离。而且，时钟的这两只针好像受过严格训练一样，在相同的时间内，各自所走的距离总是一定的。——在物理学上，这叫等速运动。一切的运动法则都可用速度、时间和距离这三项的关系表示出来。在等速运动中，它们的关系是：

距离 = 速度 × 时间。

现在我们根据这一点来探究一下本题。

“李大成，你说长针转得快，短针转得慢，你是怎么知道的？”马先生向我提出这样的问题，惹得大家都笑了起来。这是看见过时钟走动的人都知道的，还算什么问题吗。不过马先生特地提出来，我倒不免有点儿发呆了。怎样回答好呢？最终我大胆地答道：

“看出来的！”

“当然，不是摸出来的，而是看出来的！不过我的意思是，单说快慢，未免太笼统些，我问你，这快慢是怎样比较出来的？”

“长针 1 小时转 60 分钟的位置，短针只转 5 分钟的位置，长针不是比短针转得快吗？”

“这就对了！但我们现在知道的是长针和短针在 60 分钟内所走的距离，它们的速度是怎样呢？”马先生望着周学敏。

“用时间去除距离，就得速度。长针每分钟转 1 分钟的位置，短针每分钟只转 1/12 分钟的位置。”周学敏道。

“现在，两只针的速度都已知道了，暂且放下。再来看题上的另一个条件，两点钟的时候，长针距短针多远？”

“10 分钟的位置。”四五个人一同回答。

“那么，这题目和赵阿毛在赵小毛的前面 10 里，赵小毛从后面追他，赵小毛每小时走 1 里，赵阿毛每小时走 1/12 里，几时可以赶上？——有什么区别？”

“一样！”这次是众口一词。

这样推究，我们不但能够将图画出来，而且算法也非常明了，如图 6-1 所示。

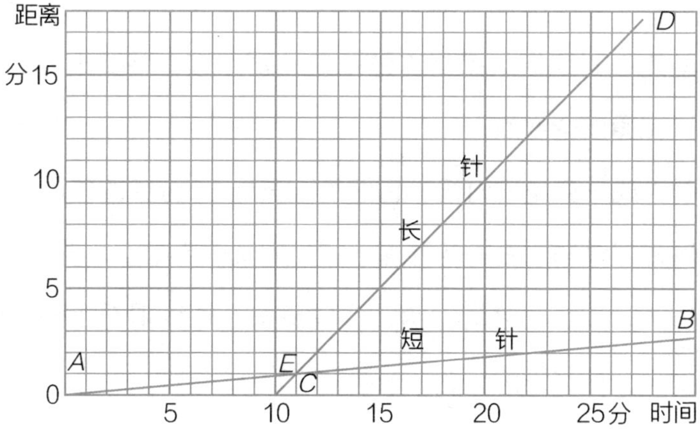

图 6-1　例一图解

$$10分钟 \div \left(1-\frac{1}{12}\right)分钟 = 10分钟 \div \frac{11分钟}{12} = \frac{120分钟}{11} = 10\frac{10分钟}{11}$$

马先生说，这类题的变化并不多，要我们各自作一张图，表示出：从零时起，到12时止，两只针各次重合的时间。自然，这只要将前图扩充一下就行了。我将图画完（如图6-2所示），仔细玩赏一番后，觉得算学真是有趣味的科目。

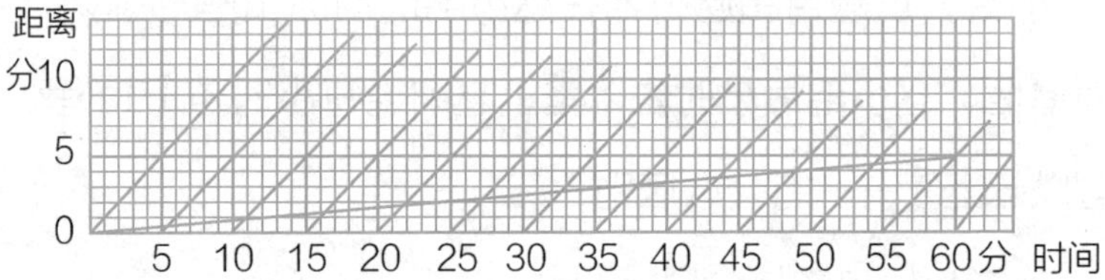

图6-2 例一扩展题的图解

马先生提出的第二个例题是：

例二：时钟的两针在2时至3时间，什么时候成一个直角？

马先生叫我们大家将这题和前一题比较，并提出要点。我们都只知道一个要点：

两针成一直角的时候，它们的距离是15分钟的位置。

后来经过马先生的各种提示，我们又得出第二个要点：

在2时和3时之间，两针要成直角，长针得赶上短针同它相重合，——这是前一题——再超过它15分钟。

这一来，不用说，我们都明白了。作图的方法，只是在例一的图上增加一条和 AB 平行的线 FG，和 CD 交于 H，便指示出我们所要的答案了。这理由也很清晰明了，FG 和 AB 平行，AF 相隔15分钟的位置，所以 FG 上的各点垂直画线下来和 AB

相交，则 FG 和 AB 间的各线段都一样长，表示 15 分钟的位置，所以 FG 便表示距长针 15 分钟的位置的线，如图 6-3 所示。

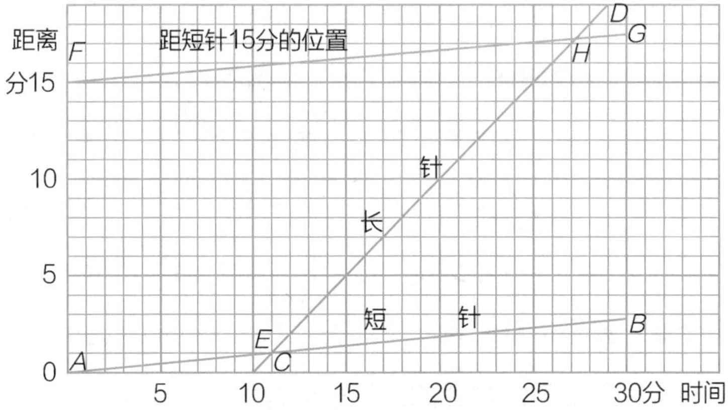

图 6-3 例二图解

至于这题的算法，那更容易明白了。长针先赶上短针 10 分钟，再超过 15 分钟，一共自然是长针需比短针多走 25(10+15) 分钟，所以：

$$(10\text{分钟}+15\text{分钟})\div\left(1-\frac{1}{12}\right)=25\text{分钟}\div\frac{11}{12}=25\text{分钟}\times\frac{12}{11}$$
$$=\frac{300\text{分钟}}{11}=27\frac{3\text{分钟}}{11}$$

便是答案。

这些，在马先生问我们的时候，我们都回答出来了。虽然是这样，但对于我——至少我得承认——实在是一个谜。为什么我们平时遇到一个题目不能这样去思索呢？这几天，我心里都怀着这个疑问，得不到答案，不是吗？倘若我们这样寻根究底地推想，还有什么题目做不出来呢？我也曾问过王有道这个问题，但他的回答我很不满意。不，简直使我生气。他只是轻描淡写地说：“这叫作：‘难者不会，会者不难。’”

老实说，要不是我平时和王有道关系很好，知道他并不会“恃才傲物”，我真会生气，说不定还要翻脸骂他一顿。——王有道看到这里，伸伸舌头说，喂！谢谢你！嘴下留情！我没有自居会者，只是羡慕会者的不难罢了！——他的回答，不是等于不回答吗？难道世界上的人生来就有两类：一类是对于算学题目，简直不会思索的“难者”；另一类是对于算学题目，不用费心思索就解答出来的“会者”吗？真是这样，学校里设算学这一科目，对于前者便是白费力气，对于后者便是多此一举！这和马先生的议论就有矛盾了！从前，我也是用性质相近或不相近来解释的，而我自己，当然自居于性质不相近之列。但马先生对于这种说法持否定态度，自从听了马先生这几次讲解以后，我虽不敢成为否定论者，至少也是怀疑论者了。怀疑！……最后总应当有个不容怀疑的结论呀！这结论是什么？我想马先生一定可以给我们一个确切的回答。我怀着这样的期望，屡次想将这个问题提出来，静候他的回答，但最终因为缺乏勇气，不敢提出。今天，到了这个时候，我真的忍无可忍了。

题目的解答法，一经道破，真是“会者不难”，为什么别人会这样想，我们不能呢？

我斗胆问马先生：“为什么别人会这样想，我们却不能呢？”

马先生笑容满面地说：“好！你这个问题很有意思！现在我来跑一次野马。”

马先生要跑野马！大家听了哄堂大笑！

“你们知道小孩子走路吗？”这话问得太不着边际了，大家只好沉默不语。他接着说：

“小孩子不是一生下来就会走路的，他开始并不能移动，随后才练习站起来走路。只要不是过分娇养或有残疾的小孩子，两岁总会无所倚傍地直立步行了。但是，你们要知道，直立步行是人类的一大特点，现在的小孩子只要两岁就能够做到，我们的祖先却费了不少力气才实现呀！自然，我们可以解释为古人不如今人，但这并不能使人信服。现在的小孩子能够走得这么早，一半是遗传的因素，另一半是因为有一个学习的环境，一切他所见到的比他大的人的动作，都是他模仿的样品。

“文明的发展，正和小孩学步一样。明白了这个道理，这个疑问就可以解答了。一个题目的解答，就是一个发明。发明这件事，说它难，它真难，一定要发明点儿什么，这是谁也没有把握能够做到的。说它不难，也真不难！有一定的学力和一定的环境，再加上不断努力，总不至于一无所成。

“学算学，以及学别的功课都一样，一面先弄清楚别人已经发明的，并且注意他们研究的经过和方法，一面应用这种态度和方法去解决自己遇到的新问题。你们学了一些题目的解法，自然也就学会了与之类似的一些问题的解法，这也是一种发明，不过这种发明是别人早就得出来的罢了。

“总之，学别人的算法是一件事，学思索这种算法的方法又是一件事，而后一种更重要。”

对于马先生的议论，我还是持怀疑态度，总有些人比较会思索。但是，马先生却说，不可以忘记一切的发展都是历史的产物，都是许多人的劳动的结晶。他的意思是说“会想”并不是凭空得来的能力，要我们去努力学习。这话，虽然我还不免怀疑，但努力学习总是应当的，我的疑问只好暂时放下了。

马先生发表完议论，就转到本题上：“现在你们自己去研究在各小时以后两针成直角的时间，你们要注意，有几小时内是可以有两次成直角的时间的。”

课后，我们聚集在一起研究，画成了图 6-4。我们将一只表从正午 12 点旋转到下一个正午 12 点来验证，简直是不差分毫。我感到愉快，同时也觉得算学真是一个生动有趣的科目。

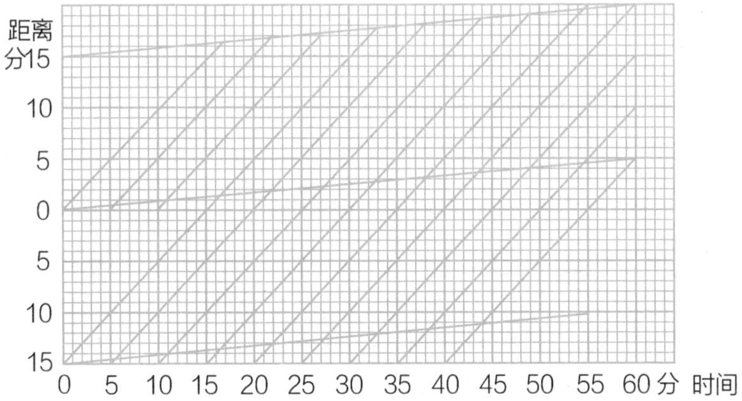

图 6-4 例题之后的扩展

关于时钟两针的问题，一般的书上还有“两针成一直线”的类型，马先生说，这也没有什么难处，你们完全可以自己去“发明”。我们真切地感觉到，参照前两个例题，真的一点儿也不难啊！

七 流水行舟

“这次，我们先来探究一个有关运动的问题。”马先生说。

“运动是力的作用，这是学物理的人都应当知道的常识。在流水中行舟，这种运动，受几个力的影响？”

“两个：一个是水流的，另一个是人划的。”这我们都可以想到。

“我们把水流的速度叫流速，把人划船使船前进的速度叫漕速。那么，在流水上行舟，这两种速度的关系是怎样的？”

“下行速度 = 漕速 + 流速；

上行速度 = 漕速 − 流速。”

这是王有道的回答。

例一：水程 60 里，顺流划行 5 小时可到，逆流划行 10 小时可到，每小时水的流速和船的漕速是怎样的？

经过前面的探究，我们已知道，这简直与“和差问题”没什么两样。

水程 60 里，顺流划行 5 小时可到，所以下行的速度，就是漕速与流速的“和”，是每小时 12 里。

逆流划行 10 小时可到，所以上行的速度，就是漕速与流速的“差”，是每小时 6 里。

图 7-1 极易画出，计算法也很明白：

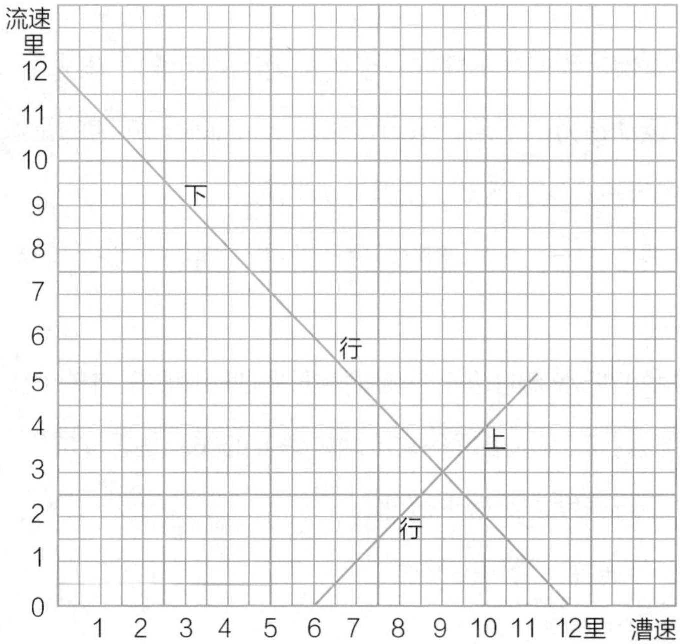

图 7-1　例一图解

（60 里 ÷ 5 小时 +60 里 ÷ 10 小时）÷ 2 =（12 里 / 小时 + 6 里 / 小时）÷ 2 = 9 里 / 小时——漕速

（60 里 ÷ 5 小时 − 60 里 ÷ 10 小时）÷ 2 =（12 里 / 小时 − 6 里 / 小时）÷ 2 = 3 里 / 小时——流速

例二：王老七的船，从宋庄下行到王镇，漕速 7 里 / 小时，水流 3 里 / 小时，6 小时可到，回来需几小时？

马先生写完了题，问："运动问题总是由速度、时间和距离三项中的两项求其他一项，本题所求的是哪一项？"

"时间！"

"那么，应当知道些什么？"

"速度和距离。"有 3 个人说。

"速度怎样？"

"漕速和流速的差，每小时 4 里。"周学敏回答。

"距离呢？"

"下行的速度是漕速同流速的和，每小时 10 里，共行 6 小时，所以是 60 里。"王有道回答。

"对的，若是画图，只要参照一定倍数的关系，画 *AB* 线就行了，如图 7-2 所示。王老七要从 *B* 回到 *A*，每小时走 3 里，他的行程也是一条表示一定倍数关系的直线 *BC*。至于计算法，这一分析就容易了。"马先生不曾说出计算法，也没有要我们各自做，我将它补在这里：

（7 里 / 小时 + 3 里 / 小时）× 6 小时 ÷（7 里 / 小时 − 3 里 / 小时）= 60 里 ÷ 4 里 / 小时 = 15 小时

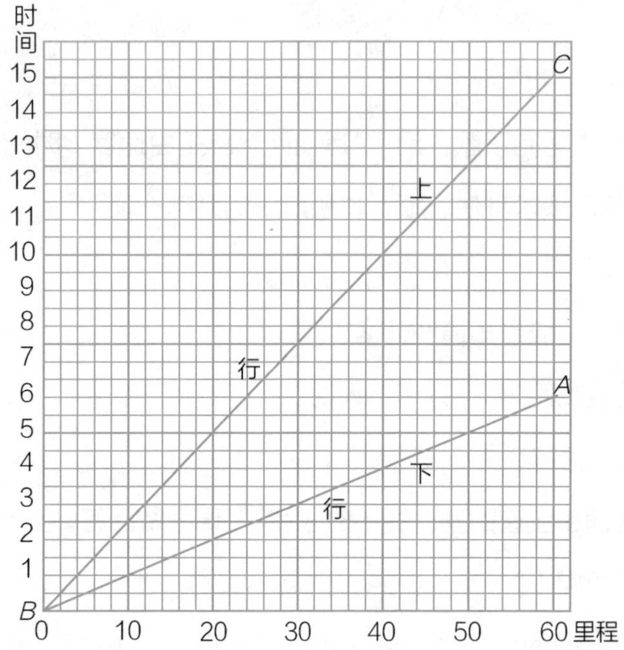

图 7-2　例二图解

例三：水流每小时 2 里，顺水 5 小时可行 35 里的船，回来需几小时？

这道题在形式上好像比前一题曲折，但马先生叫我们抓住速度、时间和距离三项的关系去想，真是“会者不难”！

AB 线表示船下行的速度、时间和距离的关系。

漕速和流速的和是每小时 7 里，而流速是每小时 2 里，所以它们的差是每小时 3 里，便是上行的速度。

依定倍数的关系作 *AC*，图 7-3 就完成了。

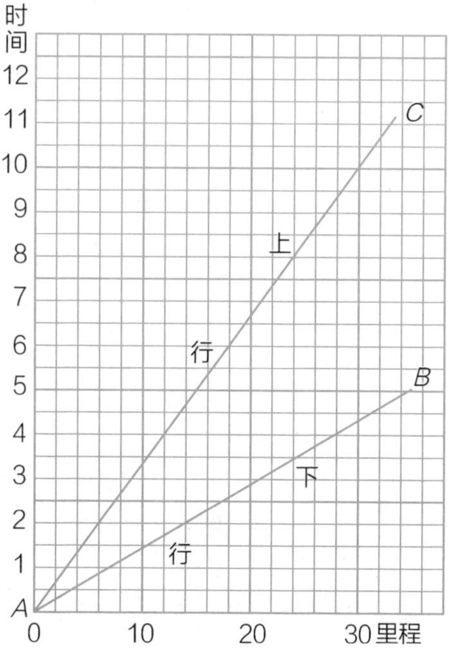

图 7-3 例三图解

算法也很容易理解：

35 里 ÷ [（35 里 ÷ 5 小时 − 2 里 / 小时）− 2 里 / 小时] =

35 里 ÷ 3 里 / 小时 = $11\frac{2}{3}$ 小时

例四：上行每小时 2 里，下行每小时 3 里，这船往返于某某两地，上行比下行多 2 小时，两地相距几里？

依照表示定倍数关系的方法，我们画出表上行和下行的行程线 *AC* 和 *AB*。*EF* 正好表示相差 2 小时，因而所求的距离应是 12 里，正与题相符，如图 7-4 所示。

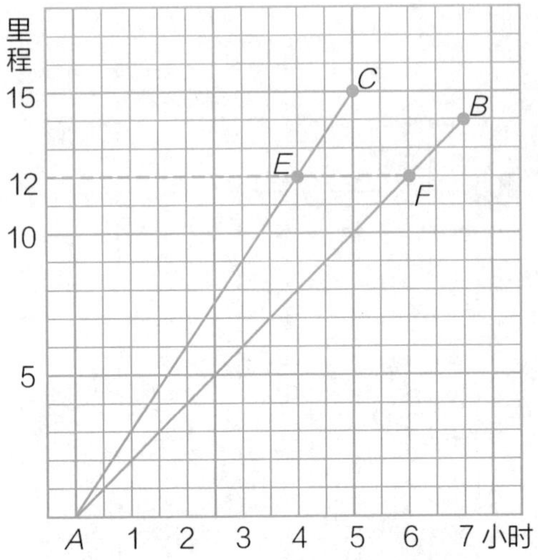

图 7-4　例四图解

我们都很得意，但马先生却不满足，他说：

“对是对的，但不好。”

“为什么对了还不好？”我们有点儿不服。

马先生说：“*EF* 这条线，是先看好了距离凑巧画的，自然也是一种办法。不过，若有别的更正确、可靠的方法，那岂不是更好吗？”

“……”大家默然。

“题上已说明相差 2 小时，那么表示下行的 *AC* 线，若从 2 时那点画起，则可得交点 *E*，如图 7-5 所示，岂不更清晰明了吗？”

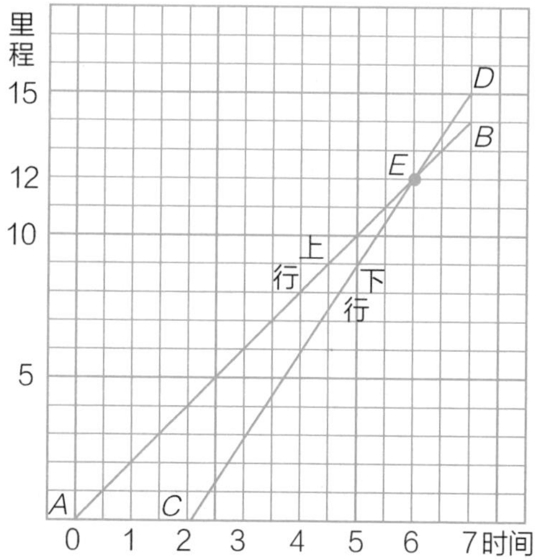

图 7-5　例四图解的改进

真的！这一来是更好了一点儿！由此可以知道，“学习”真是不容易。古人说“开卷有益”，我感到“听讲有益”，就是自己已经知道的，有机会也得多多听取别人的意见。

八 年龄的关系

“你们会猜谜吗？”马先生出乎意料地提出这么一个问题，问题来得突兀，大家都默然。

“据说从前有个人出了个谜给人猜，那谜面是一个‘日’字，猜杜诗一句，你们猜是什么句子？”说完，马先生望向大家。

没有一个人回答。

“无边落木萧萧下。”马先生说，“怎样解释呢？这就说来话长了，中国在晋以后分成南北朝，南朝最初是宋，宋以后是萧道成创立的齐，齐以后是萧衍创立的梁，梁以后是陳霸先创立的陳。‘萧萧下’就是说，两朝姓萧的皇帝之后，当然是‘陳’。‘陳’字去了左边是‘東’字，‘東’字去了‘木’字便只剩‘日’字了。这样一解释，这谜好像真不错，但是出谜的人可以‘妙手偶得之’，而猜谜的人却只能暗中摸索了。”

这虽然是一个有趣的故事，但我，也许不只我，始终不明白马先生在讲算学时突然提到它有什么用意，只得静静地等待他的讲解了。

“你们觉得我提出这故事有点儿不伦不类吗？其实，一般教科书上的习题，特别是四则应用问题一类，倘若没有例题，没有人讲解、指导，对于学习的人，也正和这谜面一样，需要你自己去摸索。摸索本来不是正当办法，所以处理一个问题，必须有一定步骤。第一，要理解问题中所包含而没有提出的事实或算理的条件。

“比如这次要讲的有关年龄的题目，大体可分为两种，即每题中或是说到两个以上的人的年龄，要求他们的或从属关系成立的时间，或是说到他们的年龄或从属关系而求得他们的年龄。

“但这类题目包含着两个事实以上的条件，题目上总归不会提到的：其一，两人年龄的差是从他们出生起就一定不变的；其二，每多一年或少一年，两人便各长一岁或小一岁。不懂得这些事实，这类题目便难于摸索了。这正如上面所说的谜语，别人难于解答的原因，就在不曾把两个‘萧’看成萧道成和萧衍。话虽如此，毕竟算学不是猜谜，只要留意题上没有明确提出的，而事实存在的条件，就不至于暗中摸索了。闲言表过，且提正文。”

例一：当前，父亲 35 岁，儿子 9 岁，几年后父亲的年龄是儿子的 3 倍？

写好题目，马先生说：“不管三七二十一，我们先把表示父亲和儿子年龄的两条线画出来。在图 8-1 上，横轴表示岁数，纵轴表示年数。父亲现在35岁，以后每过一年增加1岁，用*AB*线表示。儿子现在9岁，以后也是每过一年增加1岁，用*CD*线表示。

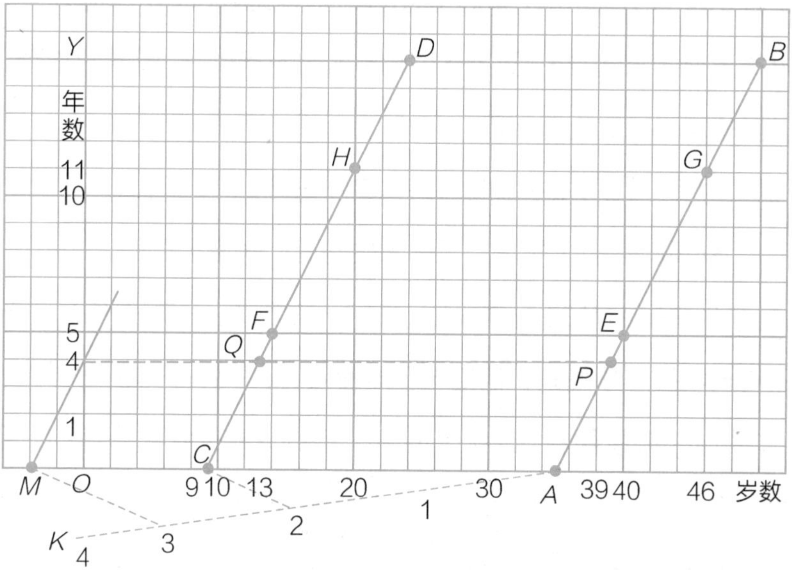

图8-1　例一图解（一）

“过5年，父亲多少岁？儿子多少岁？”

“父亲40岁，儿子14岁。”这是谁都能回答上来的。

“过11年呢？”

“父亲46岁，儿子20岁。”这也是谁都能回答上来的。

“怎样看出来的？”马先生问。

“从*OY*线上记有5的那点横看到*AB*线得*E*点，再往下看，就可知是40，这是5年后父亲的年龄。又看到*CD*线得*F*点，再往下看可知是 14，这是 5 年后儿子的年龄。”我回答。

“从 *OY* 线上记有 11 的那点横看到 *AB* 线得 *G* 点，再往下看，就可知是 46，这是 11 年后父亲的年龄。又看到 *CD* 线得 *H* 点，再往下看可知是 20，这是 11 年后儿子的年龄。”周学敏抢着，而且故意学我的语调回答。

“对了！”马先生高叫一句，突然愣住。

“5*E* 是 5*F* 的 3 倍吗？”马先生问后，大家摇摇头。

“11*G* 是 11*H* 的 3 倍吗？”大家一阵摇头，不知为什么今天只有周学敏这般高兴，他扯长了声音回答：“不——是——”

“现在就是要找在 *OY* 上的哪一点到 *AB* 的距离是到 *CD* 距离的 3 倍了。当然我们还是应当用画图的方法，不可硬用眼睛看。等分线段的方法还记得吗？在讲除法的时候讲过的。”

王有道说了一段等分线段的方法。

接着，马先生说：“先随意画一条线 *AK*，从 *A* 起在上面取 A_1，12，23 长度相等的三段。连结 C_2，过 3 作线平行于 C_2，与 *OA* 交于 *M*。过 *M* 作线平行于 *CD*，与 *OY* 交于 4，这就得到答案了。”

4 年后，父亲 39 岁，儿子 13 岁，正是 3 倍的关系，而图上的 4*P* 也恰好 3 倍于 4*Q*，真是奇妙！然而为什么这样画就行了，我却不太明白。

马先生好像知道我的心事一般："现在，我们应当考求这个画法的来源。"他随手在黑板上画出图 8-2，要我们看了回答 B_1C_1，B_2C_2，B_3C_3，B_4C_4，各对于 A_1B_1，A_2B_2，A_3B_3，A_4B_4 的倍数是否相等。当然，谁都可以看得出来，倍数都是 2。

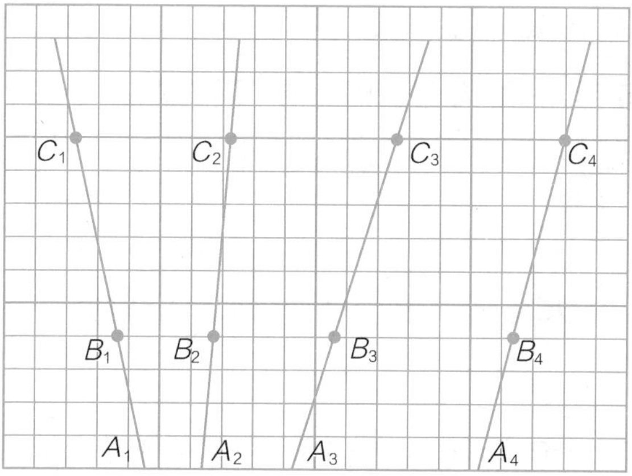

图 8-2　马先生对例一图解（一）的再解释

大家回答了以后，马先生说："这就是说，一条线被平行线分成若干段，无论这条线怎样画，这些线段的倍数关系都是相同的。所以 4*P* 对于 4*Q*，*MA* 对于 *MC*，也就和 3*A* 对于 32（线段，而非数字）的倍数关系是一样的。"

我就明白了。

"假如，题上问的是 6 倍，怎么画？"马先生问。

"在 *AK* 上取相等的 6 段，连结 *C*5，画 6*M* 平行于 C_5。"王有道回答。现在我也明白了，因为 *OY* 到 *AB* 的距离无论是 *OY*

到 CD 距离的多少倍，但 OY 到 CD 总是这个距离的 1 倍，因而总是将 AK 上的倒数第二点与 C 相连，而过末一点作线和它平行。

至于这题的算法，马先生叫我们据图加以探究，我们看出 CA 是父子年龄的差，和 QP，FE，HG 一样。而当 $4P$ 是 $4Q$ 的 3 倍时，MA 也是 MC 的 3 倍，并且在这个地方 $4Q$、MC 都是所求的若干年后儿子的年龄。因此得下面的算法：

(35 − 9) ÷ (3 − 1) − 9 = 4

⋮ ⋮ ⋮ ⋮ ⋮ ⋮

OA OC A_3 32 OC $MO(C_4)$

⋮ ⋮ ⋮ ⋮ ⋮ ⋮

(父年 − 子年) ÷ (倍数 − 1) − 子年 = 年数（所求）

讨论完毕以后，马先生一句话不说，将图 8-3 画了出来，指定周学敏去解释。

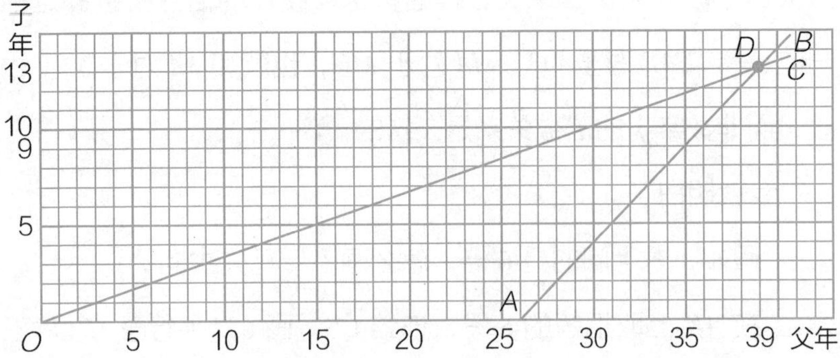

图 8-3 例一图解（二）

我有点儿幸灾乐祸，因为他学得比我好的缘故，但事后一想，这实在无聊。他的算学虽不及王有道，这次却讲得很有条理，而且真是简单、明白。下面的一段，就是周学敏讲的，我一字没改地记在这里以表忏悔！

别解：

“父亲 35 岁，儿子 9 岁，他们相差 26 岁，也就是说父亲 26 岁时儿子出生，所以他 26 岁时，他的儿子是 0 岁。以后，每过一年，他大 1 岁，他的儿子也大 1 岁。依据差一定的表示法，得 AB 线。题上要求的是父亲的年龄 3 倍于儿子年龄的时间，依据倍数一定的表示法得 OC 线，两线相交于 D。依交叉法原理，D 点所示的，便是合于题上的条件时，父亲和儿子各人的年龄：父亲 39 岁，儿子 13 岁。从 35 到 39 和从 9 到 13 的差值都是 4，就是 4 年后父亲的年龄正好是儿子的 3 倍。”

对于周学敏的解说，马先生也非常满意，他评价了一句：“不错！”然后就写出了例二。

例二：当前，父亲 36 岁，儿子 18 岁，几年后父亲的年龄是儿子的 3 倍？

这题看上去和例一完全相同。马先生让我们各自“照葫芦画瓢”，但一动手，我们便碰了钉子，过 M 所画的和 CD 平行

的线与 OY 却交在下面 9 的地方，如图 8-4 所示。这是怎么一回事呢？

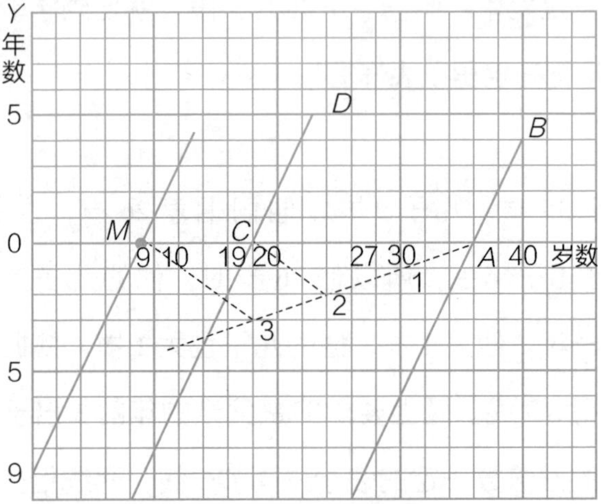

图 8-4　例二图解（一）

马先生坚持让我们自己去做，一声不吭。后来我从这 9 的地方横看到 AB，再竖看上去，得父亲的年龄 27 岁；而看到 CD，再竖看上去，得儿子的年龄 9 岁，正好父亲的年龄是儿子的3倍。到此我才领悟过来，这在下面的9，表示的是9年以前。而这个例题完全是马先生有意弄出来的。这么一来，我还知道几年前或几年后算法是一样的，只是减的时候，被减数和减数不同罢了。本题的计算应当是：

18 -（36 - 18）÷（3 - 1）= 9

⋮　⋮　⋮　⋮　⋮　⋮

OC　　*OA*　*OC*　　　*A*3　32　　　*OM*

⋮　　⋮　　⋮　　　⋮　　⋮　　　⋮

子年 -（父年 - 子年）÷（倍数 - 1）= 年数（已过去）

我试用别的解法做，得图 8-5，*AB* 和 *OC* 的交点 *D*，表明父亲 27 岁时，儿子 9 岁，正是 3 倍，而从 36 回到 27，恰好是 9 年，所以本题的解答是 9 年以前。

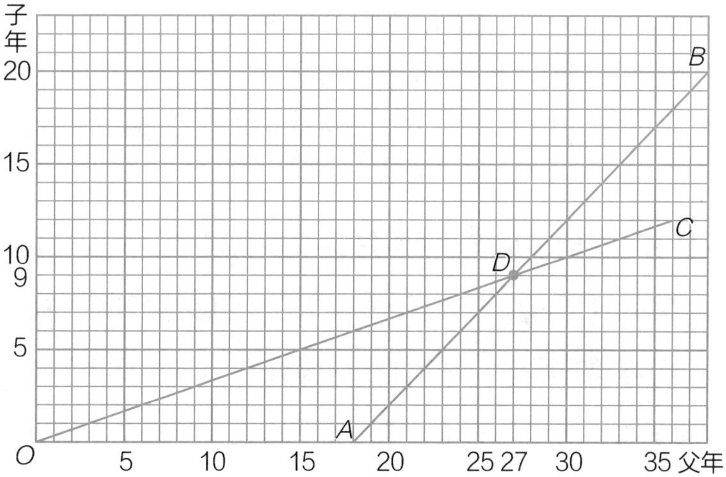

图 8-5　例二图解（二）

例三：当前，父亲 32 岁，一子 6 岁，一女 4 岁，几年后，父亲的年龄与子女二人年龄的和相等？

马先生问我们这个题和前两题的不同之处，这是略一——我现在也敢说“略一”了，真是十分欣幸！——思索就知道的，父亲的年龄每过一年只增加 1 岁，而子女年龄的和每过一年却增加两岁。所以从现在起，父亲的年龄用 *AB* 线表示，而子女二人年龄的和用 *CD* 表示，如图 8-6 所示。

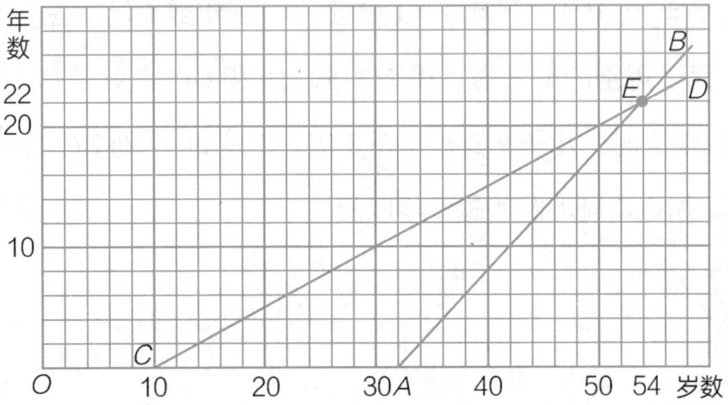

图 8-6 例三图解（一）

AB 和 *CD* 的交点 *E*，竖看是 54，横看是 22。从现在起，22 年后，父亲 54 岁，儿子 28 岁，女儿 26 岁，儿女年龄相加也是 54。

至于本题的算法，图上显示得很清楚。*CA* 表示当前父亲的年龄同子女俩的年龄的差，往后看，每过一年这个差值就减少 1 岁，少到了零，便是所求的时间，所以：

$$[32-(6+4)]\div(2-1)=22$$

⋮	⋮	⋮
OA	*OC*	⋮
⋮	⋮	⋮

[父年 -（子年 + 女年）] ÷（子女数 - 1）= 所求的年数

这题有没有别解，马先生不曾说，我也没有想过，但王有道补充了另一种方法，如图 8-7 所示。

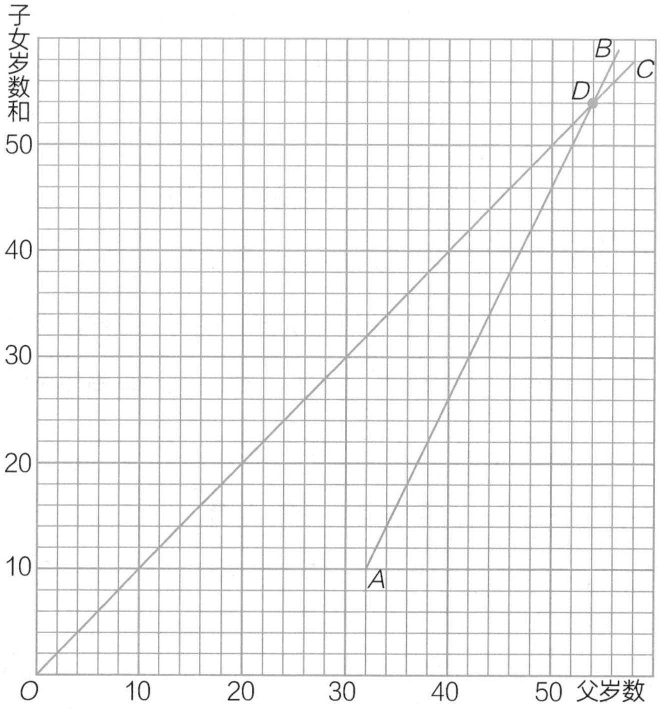

图 8-7 例三图解（二）

AB 线表示现在父亲的年龄同着子女俩的年岁，以后一面逐年增加 1 岁，而另一面增加 2 岁，*OC* 表示两面相等，即 1 倍的关系，如图 8-7 所示。这都容易想出。只有 *AB* 线的 *A* 不在最末一条横线上，这是王有道的巧思，我只好佩服了。据王有道说，他第一次也把 *A* 点画在 32 的地方，结果不符。仔细一想，才知

道错得十分可笑。原来那样画法，是表示父亲 32 岁时，子女俩年岁的和是零。由此他想到子女俩的年岁的和是 10，就想到 *A* 点应当在第 5 条横线上。虽是如此，我依然佩服！

例四：当前，祖父 85 岁，长孙 12 岁，次孙 3 岁，几年后祖父的年龄是两孙的 3 倍？

这道例题是马先生留给我们做的，参照了王有道上面的解题思路，我画出了图 8-8。因为祖父 85 岁时，两孙年龄之和是 15 岁，所以得 A 点。以后祖父加 1 岁，两孙共加两岁，所以得 *AB* 线。*OC* 是表示定倍数的。两线的交点 *D*，竖看是 93，是祖父的年龄；横看是 31，是两孙年龄的和。从 85 到 93 有 8 年，所以得知 8 年后祖父的年龄是两孙的 3 倍。

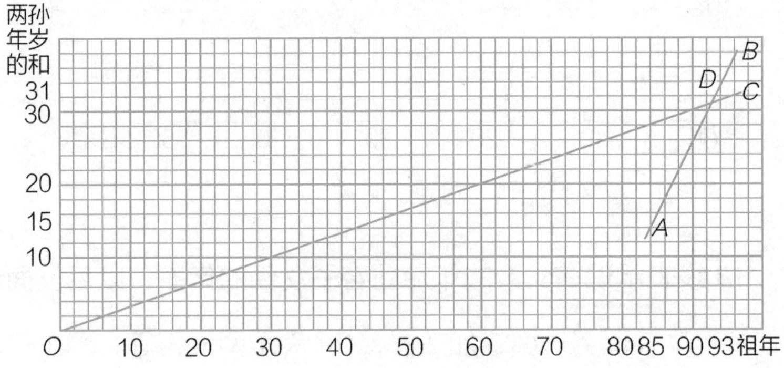

图 8-8　例四图解

本题的算法，我曾经从一本算学教科书上见到：

$$[85-(12+3)\times 3]\div[2\times 3-1]=(85-45)\div 5=8$$

它的解释是这样的：就当前说，两孙年龄之和为 $(12+3)$ 岁，三倍是 $(12+3)\times 3$，比祖父的年龄还少 $[85-(12+3)\times 3]$，这差出来的岁数，就需由两孙每年比祖父多加的岁数来填补。两孙每年共加两岁，就 3 倍计算，共增加 $2\times 3=6$ 岁，减去祖父增加的 1 岁，就是每年多加 $6-1=5$ 岁，由此便得上面的计算法。

这算法能否由图上得出来，以及本题照前几例的第一种方法是否可解，我们没有去想，也不好意思去问马先生，因为这好像应当用点儿心自己回答，只得留待将来了。

九　多多少少

“今天有诗一首。”马先生说完随即念出一道例题来：

例一：

隔墙听得客分银，

不知人数不知银。

七两分之多四两，

九两分之少半斤。

“纵线用两小段表示 1 个人，横线用一小段表示 2 两银子，这样一来‘七两分之多四两’怎样画？”

“先除去 4 两，便是‘定倍数’的关系，所以从 4 两的一点起，照‘纵一横七’画 *AB* 线。”王有道。

“那么，9 两分之少半斤呢？”“少”字说得特别响，这给了我一个暗示，“多 4 两”在 0 的右边取 4 两；“少半斤”就得在 0 的左边取 8 两了，我于是回答：

“从 0 的左边 8 两那点起，依‘纵一横九’，画 *CD* 线。”

AB 和 *CD* 相交于 *E*，从 *E* 横看是 6 个人，竖看 46 两银子，

正合题目。

由图 9-1 可以看出，CD 表示多的和少的两数的和，正是 $(4+8)$ 两，而每多一人所差的是 2 两，即 $(9-7)$ 两，因此得算法：

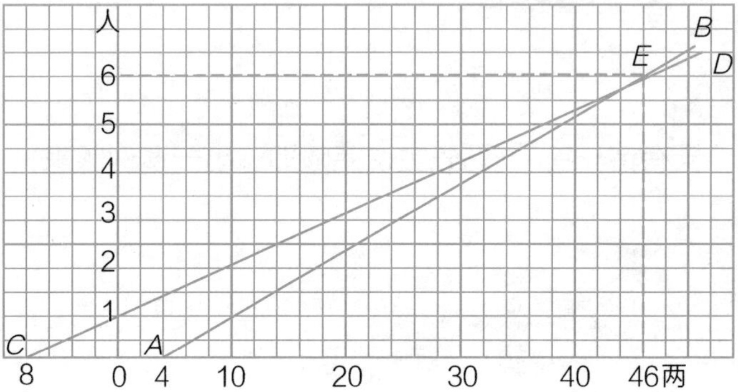

图 9-1　例一图解

$(4+8)\div(9-7)=6$——人数

$7\times6+4=46$——银两数

例二：儿童若干人，分铅笔若干支，每人取 4 支，剩 3 支；每人取 7 支，差 6 支，平均每人可得几支？

马先生命大家先将求儿童人数和铅笔支数的图画出来，这只是依样画葫芦，自然手到即成，如图 9-2 所示。

大家画好以后，他说："将 0 和交点 E 连起来。"接着又问："由这条线上看去，一个儿童得多少支铅笔？"

多么容易呀！3 个儿童，15 支铅笔。每人 4 支，自然剩 3 支；每人 7 支，差 6 支，而平均正好是每人 5 支。

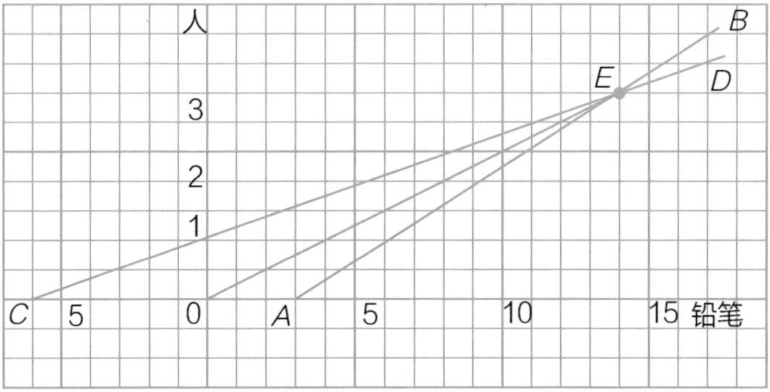

图 9-2 例二图解

十 鸟兽同笼问题

一听到马先生说“这次来讲鸟兽同笼问题”，我便知道是鸡兔同笼这一类了。

例一：鸡、兔同一笼共 19 个头，52 只脚，求鸡、兔各有几只？

不用说，这题目包含一个事实条件——鸡是 2 只脚，而兔是 4 只脚。

“依头数说，这是‘和一定’的关系。”马先生一边说，一边画 AB 线。

“但若依脚来说，两只鸡的脚才等于一只兔的脚，这又是‘定倍数’的关系。假设全是兔，兔应当有 13 只；假设全是鸡，鸡应当有 26 只。由此得 CD 线，两线交于 E，如图 10-1 所示。竖看得 7 只兔，横看得 12 只鸡，这就对了。”

7 只兔，28 只脚，12 只鸡，24 只脚，一共正好 52 只脚。

马先生说：“这个想法和通常的算法正好相反，平常都是假设头数全是兔或鸡，是这样算的：

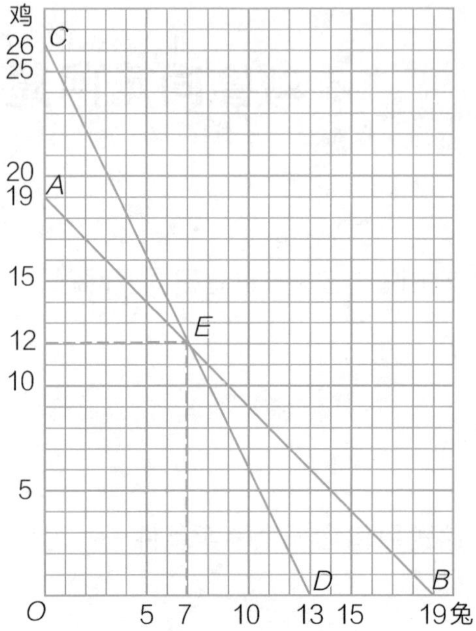

图 10-1　例一图解

$(4\times19-52)\div(4-2)=12$ ——鸡的数量

$(52-2\times19)\div(4-2)=7$ ——兔的数量

“这里却假设脚数全是兔或鸡而得 *CD* 线，但试从下面的数据对应关系一看，便没有什么想不通了。图中 *E* 点所示的一对数，正是数据中所共有的。

“就头说，总数是 19，则 *AB* 线上的各点所表示的数据如下。

鸡	兔
0	19
1	18
2	17
3	16
4	15
5	14
6	13
7	12
8	11
9	10
10	9
11	8
12	7
13	6
14	5
15	4
16	3
17	2
18	1
19	0

“就脚说，总数是 52，*CD* 线上各点所表示的数据如下。

0	13
2	12
4	11
6	10
8	9
10	8
12	7
14	6
16	5
18	4
20	3
22	2
24	1
26	0

“用一般的算法，自然不能由这图上推想出来，但中国的一种老算法却从这图上看得清清楚楚，那算法是这样的：

“将脚数折半（*OC* 所表示的），减去头数（*OA* 所表示的），便得兔的数目（*AC* 所表示的）。”

这类题，马先生说还可归到混合比例去算，以后拿这两种算法来比较更有趣味，这里不多讲。

例二：鸡、兔共 21 只，脚的总数相等，求各有几只？

照前例用 *AB* 线表示“和一定”总头数 21 的关系。

因为鸡和兔脚的总数相等，不用说，鸡的数量是兔的 2 倍了。依“定倍数”的表示法作 *OC* 线，如图 10-2 所示。

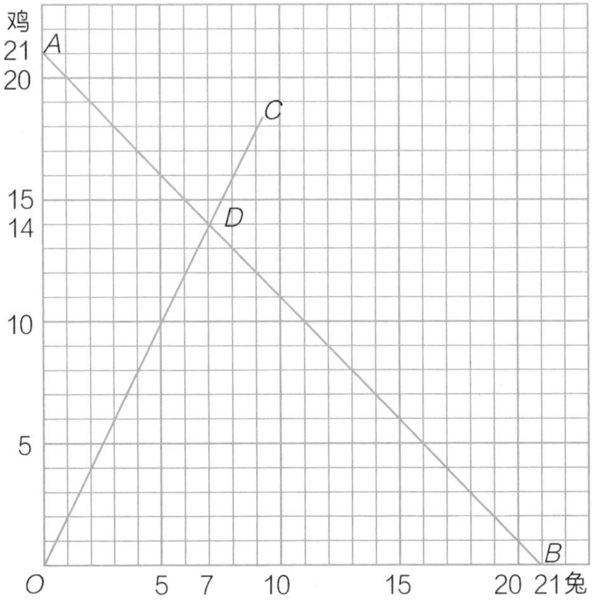

图10-2 例二图解

由 OC 和 AB 的交点 D 得知兔是 7 只，鸡是 14 只。

例三：小三子替别人买邮票，要买 4 分和 2 分的各若干张，他将数目说反了，2.8 元钱找回 0.2 元，原来要买的数目是多少？

“对比例一来看，这道题怎样？”马先生问。

“只有脚，没有头。”王有道很滑稽地说。

“不错！”马先生笑着说，“只能根据脚数表示两种张数的倍数关系。第一次的线怎么画？”

“全买4分的，共70张；全买2分的，共140张，得AB线。”王有道回答。

“第二次的呢？”

“全买4分的，共65张；全买2分的，共130张，得 *CD* 线。”周学敏回答。但是 *AB*、*CD* 没有交点，大家都呆望着马先生。

马先生说：“照几何上的讲法，两条线平行，它们的交点在无穷远，这次真是‘差之毫厘，失之千里’了。小三子把别人的数弄反了，你们却把小三子的数放错了位置。”他将 *CD* 线画成 *EF*，得交点 *G*，如图10-3所示。横看，4分的50张，竖看，2分的40张，总共恰好2.8元。

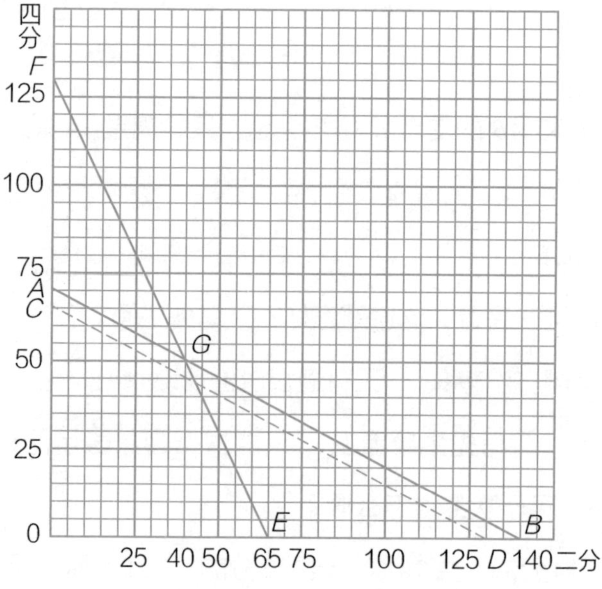

图10-3　例三图解

马先生要我们离开了图来想算法，给我们这样提示：“假如别人另外给 2.6 元钱要小三子重新去买，这次他总算没有弄反。那么，各买到邮票多少张？”

不用说，前一次的差是 1 和 2，这一次的便是 2 和 1；前次的差是 3 和 5，这次的便是 5 和 3。两种邮票的张数便一样了。

但是总共用了（2.8+2.6）元钱，这是周学敏想到的。

每种一张共值（4+2）分，我提出这个意见。

跟着，算法就明白了。

（2.8 元 + 2.6 元）× 100 分 / 元 ÷（4 分 / 张 + 2 分 / 张）= 90 张——总张数

（4 × 90 − 280）分 ÷（4 − 2）分 / 张 = 40 张——2 分的张数

90 张 − 40 张 = 50 张——4 分的张数

十一　分工合作

关于计算工作的题目，它对我来说一向是有点儿神秘感的。今天马先生一写出这个标题，我便很兴奋。

“我们先讲原理吧！”马先生说，“其实，原理也很简单。工作，只是劳力、时间和效果三项的关联。费了多少力气，经过若干时间，得到什么效果，所谓工作的问题不过如此。想透了，和运动的问题毫无两样，速度就是所费力气的表现，时间不用说就是时间，而所走的距离，正是所得到的效果。”

真奇怪！一经说明，我也觉得运动和工作是同一件事了，然而平时为什么想不到呢？

马先生继续说道：“在等速运动中，基本的关系是：

“距离 = 速度 × 时间。

“而在均一的工作中——所谓均一的工作，就是经过相同的时间，所做的工相等——基本的关系便是：

“工作总量 = 工作效率 × 工作时间。

“现在还是转到问题上去吧。”

例一：甲 4 天可完成的事，乙需 10 天才能完成。若两人一起做，1 天可完成多少？几天可以做完？

不用说，这题的作图方法和关于行路的问题相比，骨子里没有两样。我们所疑惑的，就是在行路的问题中，距离可用具体的数据表示出来，这里却没有。应当怎样处理呢？但这困难马上就解决了，马先生说：

“全部工作就算 1，无论用多长表示都可以。不过为了易于观察，无妨用一小段作 1，而以甲、乙二人做工的日数 4 和 10 的最小公倍数 20 作为全部工作。试用竖的表示工作，横的表示天数——两小段 1 天——甲、乙各自的工作线怎么画？”

到了这一步，我们没有一个人不会画了。如图 11-1 所示，*OA* 是甲的工作线，*OB* 是乙的工作线。大家画好后争着给马先生看，其实他已知道我们都会画了，眼睛并不曾看到每个人的画上，尽管口里说“对的，对的”。大家回到座位上后，马先生便问：“那么，甲、乙每人一日做多少工作？”

图中表示得很清楚，1*E* 是 1/4，1*F* 是 1/10。

“甲 1 天做 1/4，乙 1 天做 1/10。”差不多是全体同声回答。

“现在就回到题目上来，两人一起做 1 天，完成多少？”马先生问。

“7/20。”王有道回答。

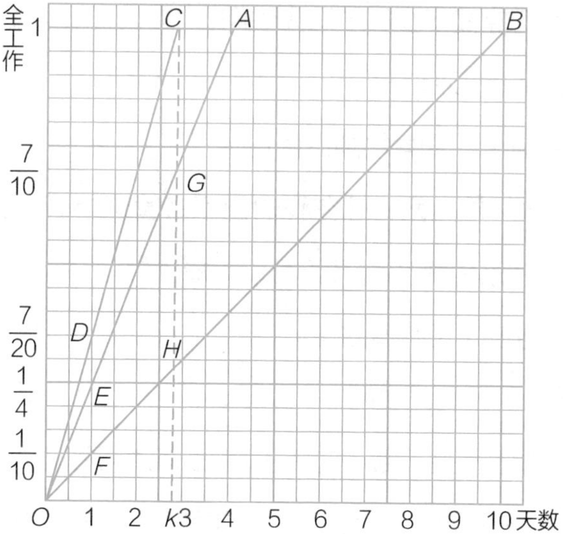

图 11-1 例一图解

“怎么知道的？”马先生望着他。

“1/4 加上 1/10，就是 7/20。”王有道回答。

“这是算出来的，不行。”马先生说。

这可把我们难住了。

马先生笑着说：“人的事，往往如此，极容易的，常常使人发呆，感到不知所措。——1*E* 是甲 1 天完成的，1*F* 是乙 1 天完成的，把 1*F* 接在 1*E* 上，得 *D* 点，1*D* 不就是两人一起做 1 天所完成的吗？”

不错，从 *D* 点横着一看，正是 7/20。

“那么，试把 *OD* 连起来，并且延长到 *C*，与 *OA*、*OB* 相齐。

两人合做 2 天完成多少？”马先生问。

“14/20。”我回答。

“就是 7/10。”周学敏加以修正。

“半斤自然是八两，现在我们倒不必管这个。”马先生说得周学敏有点儿难为情了，“几天可以完成？”

“3 天不到。”王有道回答。

“为什么？”马先生问。

“从 *C* 看下来是不到 3 的样子。”王有道回答。

“为什么从 *C* 看下来就是呢？周学敏！”马先生指定他回答。

我倒有点儿替他着急，然而出乎意料，他立刻回答道：

“均一的工作，每天完成的工作量是一样的，所以若干天完成的工作量和一天完成的工作量是‘定倍数’的关系。*OC* 线正表示这关系，*C* 点又在表示全工作的横线上，所以 *OK* 便是所求的天数。”

“不错！讲得很透彻！”马先生非常满意。

周学敏进步真快！下课后，因为钦敬他的进步，我便找他一起去散步。边散步，边谈，没说几句话，就谈到算学上去了。他说，感觉我这几天像个是“算学迷”，这样下去会成“算学疯子”的。不知道他是不是在和我开玩笑，不过这十几天，对于算学我深感舍弃不下，却是真情。我问他，为什么进步这么快，他却不承认自己有什么大的进步。我便说：

“有好几次，你回答马先生的问话都完全正确，马先生不是也很满意吗？”

“这不过是听了几次讲解以后，我就找出马先生的法门来了。说来说去，不外乎 3 种关系：和一定；差一定；倍数一定。所以我就只从这 3 点上去想。”周学敏这样回答。

对于这回答，我非常高兴，但不免有点儿惭愧。为什么同样听马先生讲课，我却不会捉住这法门呢？而且我也有点儿怀疑：“这法门一定灵吗？”

我这样问他，他想了想说：“这我不敢说。不过，过去都灵就是了，抽空我们去问问马先生。”

我真是对数学着迷了，立刻就拉着他一同去。走到马先生的房里，见先生正躺在藤榻上冥想，手里拿着一把蒲扇，不停地摇，一见我们便笑着问道：

“有什么难题，是不是？”

我看了周学敏一眼，周学敏说：“听了先生这十几节课，觉得说来说去，总是‘和一定’‘差一定’‘倍数一定’，是不是所有的问题都逃不出这 3 种关系呢？”

马先生想了想：“就问题的变化来说，自然是如此。”

这话我们不是很明白，他似乎看出来了，接着说：“比如说，两人年龄的差一定，这是从他们一生下来就可以看出来的。又比如，路程和速度是定倍数的关系，这也是从时间的连续中看出来的。所以说就问题的变化来说，逃不出这 3 种关系。”

“为什么逃不出？”我提出了疑问，心里有些忐忑。

“不是为什么逃不出，是我们不许它逃出。因为我们对于数量的处理，在算学中只有加、减、乘、除这 4 种方法。加法产生和，减法产生差，乘、除法产生倍数。”

我们这才明白了。后来又听马先生谈了些别的问题，我们就出来了。因为这段话是理解算学的基本，所以我补充在这里。现在回到本题的算法上去，这是没有经马先生讲解，我们都知道了的。

$$1 \div \left(\frac{1}{4} + \frac{1}{10} \right) = 2\frac{6}{7}$$

全工作　甲 1 天工作　乙 1 天工作　时间

马先生提示了另外一个解法，更是妙：“把工作当成行路一般看待，那么，这问题便和甲从一端动身，乙从另一端动身，两人几时相遇一样。”

当然一样呀！我们不是可以把全部工作看成一长条，而甲、乙各从一端相向进行工作，如卷布一样吗？

这一来，图解法和算法更加容易思索了。图中 OA 是甲的工作线，*CD* 是乙的，*OA* 和 *CD* 交于 *E*。从 *E* 看下来仍是 2.8 多一点，如图 11-2 所示。

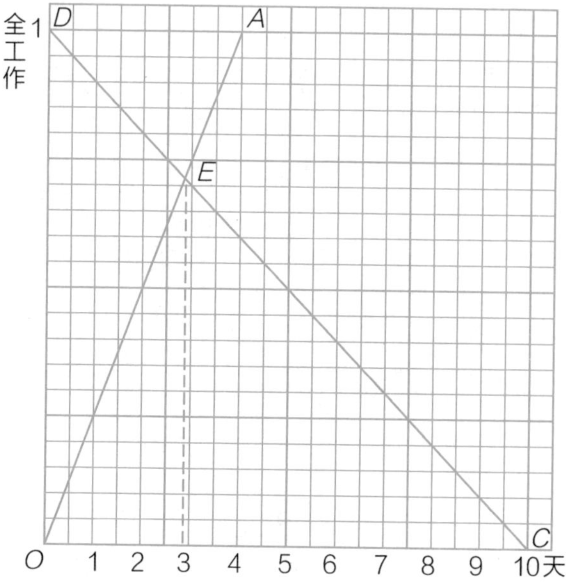

图 11-2　例一的另一种图解

例二：一水槽装有进水管和出水管各 1 支，进水管 8 小时可流满，出水管 12 小时可流尽。若两管同时打开，几小时可流满？

这题和例一的不同一想便可明白，每小时水槽里储蓄的水量，是两水管流水量的差。而例一作图时，将 1*F* 接在 1*E* 上得 *D*，1*D* 表示甲、乙工作的和。这里自然要从 1*E* 截下 1*F* 得 1*D*，表示两水管流水的差。流水就是水管在工作呀！所以 *OA* 是进水管的工作线，*OB* 是出水管的工作线，*OC* 便是它们俩的工作量之差，而表示定倍数的关系，如图 11-3 所示。由 C 点看下来得 24 小时，算法如下：

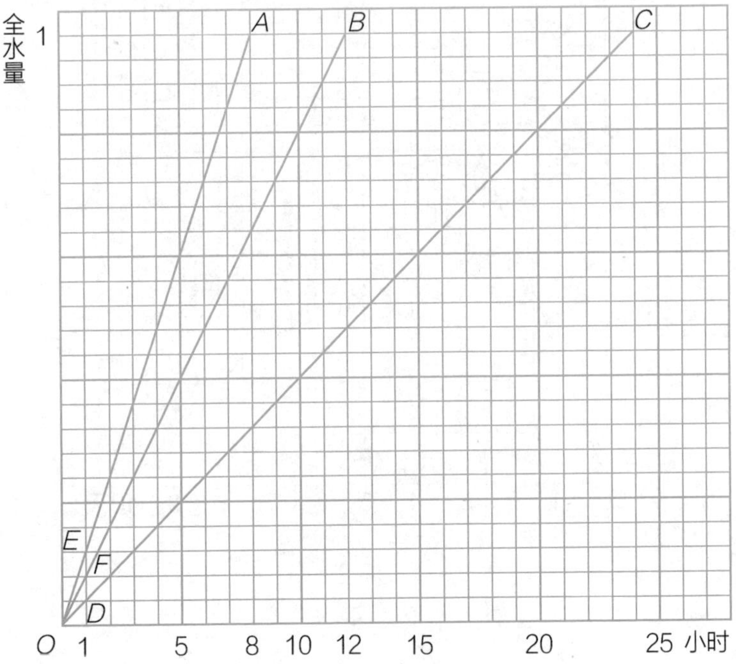

图 11-3　例二图解

$$1 \div \left(\frac{1}{8} - \frac{1}{12}\right) = 24$$

⋮　⋮　⋮　⋮

全工作　进水　出水　时间

当然，这题也可以有其他的解法。我们可以想象为：出水管距入水管有一定的路程，两人同时动身，进水管从后面追出水管，求什么时候能追上。*OA* 是出水管的工作线，1*C* 是进水管的工作线，它们相交于 *E*，横看过去正是 24 小时，如图 11-4 所示。

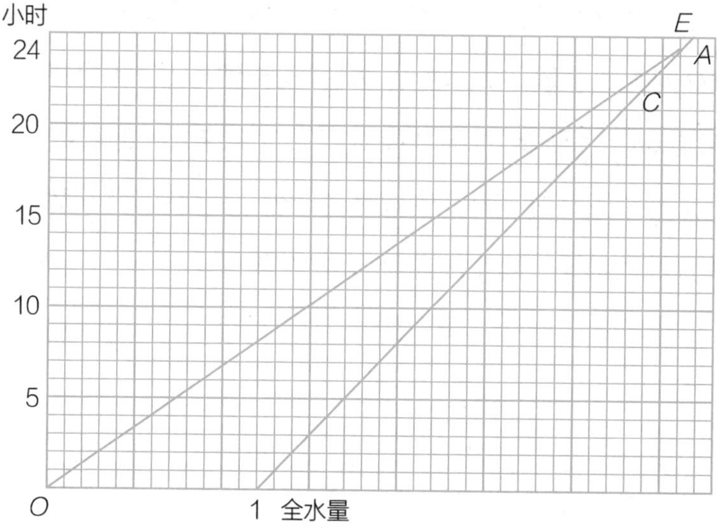

图 11-4 例二的另一种图解

例三：甲、乙二人一起做 15 天完工，甲一人做 20 天完工，乙一人做几天完工？

“这只是由例一推衍的玩意儿，你们应当会做了。”结果马先生指定我画图和解释。

不过是例一的图中先有了 *OA*、*OC* 两条线而求画 *OB* 线。照前例，所取的 *ED* 应在 1 天的纵线上且应等于 1*F*。依 *ED* 取 10*F* 便可得 *F* 点，连结 *OF* 并延长便得 *OB*。我画图的时候，本是照这样在1天的纵线上取1*F*的，但马先生说，那里太窄了，容易画错，因为*OA*和*OC*间的纵线距离和同一纵线上*OB*到横线的距离总是相等的，所以无妨在其他地方取*F*。就图11-5看去，在10这点，向上到*OA*、*OC*，相隔正好是5小段。我就从10向上5小段取*F*，连结*OF*并延长到与*C*、*A*相齐，竖看下来是60。乙要做60天才能做完。对于这么大的答数，我有点儿放心不下，好在马先生没有说什么，我就认为自己做对了。后来计算的结果，确实是要60天才能做完。

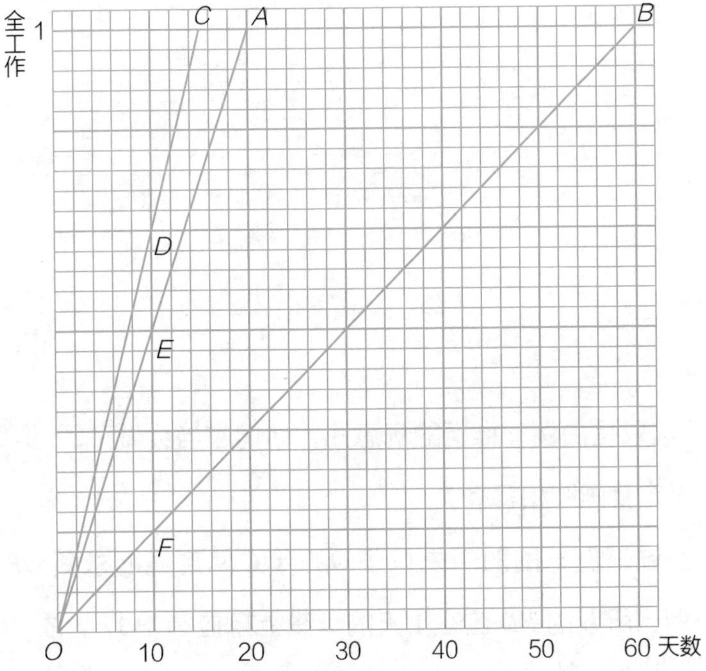

图11-5 例三图解

$$1 \div \left(\frac{1}{15} - \frac{1}{20}\right) = 60$$

⋮　　⋮　　⋮　　⋮

全工作　　合做　　甲独做　乙独做天数

本题照其他的解法做，那就和下面的题目相同：

甲、乙二人由两地同时动身，相向而行，15 小时在途中相遇，甲走完全程需 20 小时，乙走完全程需几小时?

先作 OA 表示甲的工作，再从 15 这点画纵线和 OA 交于 E 点，连结 DE 并延长到 C，便得 60 天，如图 11-6 所示。

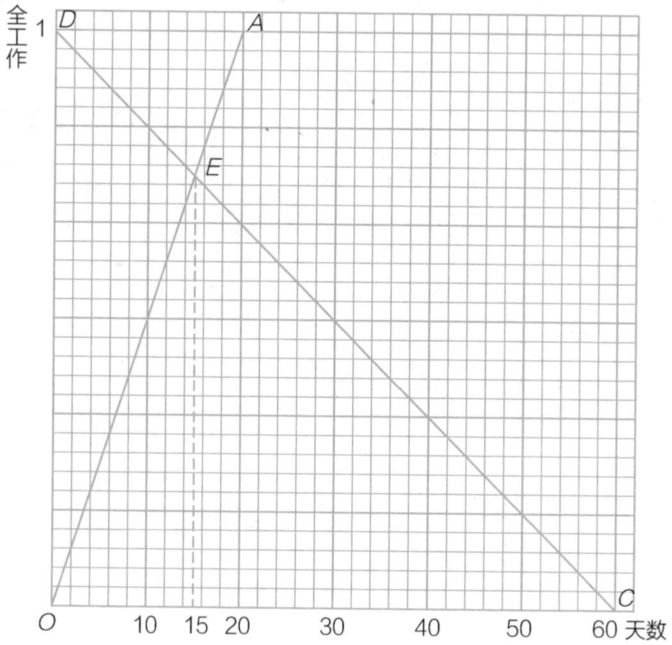

图 11-6　例三的另一种图解

例四：甲、乙二人合做一工作，5 天完成 1/3，其余由乙独做，16 天完成，甲、乙独做全工作各需几天？

“这题难不难？”写完题，马先生这样问。

“难者不会，会者不难。”周学敏很顽皮地回答。

“你是难者，还是会者？”马先生跟着问周学敏。

“二人合做，5 天完成 1/3，5 天和工作 1/3 的两条线交于 K，连结 OK 并延长得 OC，这是两人一起做的工作线，如图 11-7 所示，所以两人一起做共需 15 天。”周学敏回答。

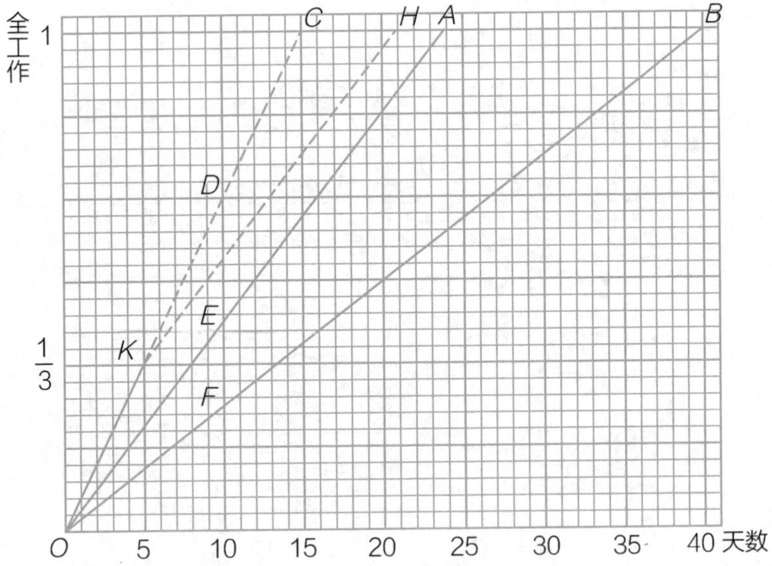

图 11-7　例四图解

“最后一句是不必要的。”马先生加以纠正。

“从 5 天后 16 天共 21 天，21 天这点的纵线和全工作这点的横线交于 H，连 KH 便是乙接着独做 16 天的工作线。”

“对！”马先生赞赏地说。

“过 O 作 OA 与 KH 平行，这是乙一人独做全工作的工作线，他 24 天做完。”周学敏说完便停住了。

“还有呢？”马先生催促他。

“在 10 天这点的纵线上量 OC 和 OA 的距离 ED，从 10 这点起量 $10F$ 等于 ED，得 F 点。连结 OF 并且延长，得 OB，这是甲的工作线，他一人独做需 40 天。”周学敏真是有了惊人的进步，以前他的算学从来不及王有道呀！

马先生夸奖道：“周学敏，你已经拿到解决问题的钥匙了。”

这题当然也可用别的解法做，不过和前面几题大同小异，所以略去，至于它的算法，那就是：

$$1 \div \left(\frac{2}{3} \div 16\right) = 24$$

全工作　乙独做的　乙独做全工作的天数

$$1 \div \left(\frac{1}{5\times3} - \frac{1}{24}\right) = 40$$

全工作　一起做　乙做　甲独做全工作的天数

例五：甲、乙、丙3人合做一工程，8天做完一半。由甲、乙二人继续，又是8天完成剩余的3/5。再由甲一人独做，12天完成。甲、乙、丙独做全工程，各需几天？

马先生写完题，王有道随口说：“越来越复杂。”

马先生听了含笑说：“应当说越来越简单呀！”

大家都不说话，题目明明复杂起来了，马先生却说“越来越简单”，岂非奇事。然而他的解释是：“前面几个例题的解法，如果你们彻底清楚了，这个题不就是照抄老文章便可解决了吗？有什么复杂呢？”

这自然是没错的，不过抄老文章罢了！如图11-8所示：

（1）先依8天做完一半这个条件画 OF，是3人合做8天的工作线，也是3人合做的工作线的方向。

（2）由 F 起，依8天完成剩余工作的3/5这个条件，作 FG，这便表示甲、乙二人合做的工作线的“方向”。

（3）由 G 起，依12天完成这个条件，作 GH，这便表示甲一人独做的工作线的“方向”。

（4）过 O 作 OA 平行于 GH，得甲一人独做的工作线，可知他要60天才做完。

（5）过 O 作 OE 平行于 FG，这是甲、乙二人一起做的工作线。

（6）在10这点的纵线和 OA 交于 J，和 OE 交于 I。照 $10J$

的长，由 I 截下来得 K，连结 OK 并且延长得 OB，就是乙一人独做的工作线，可知他要 48 天完成全工程。

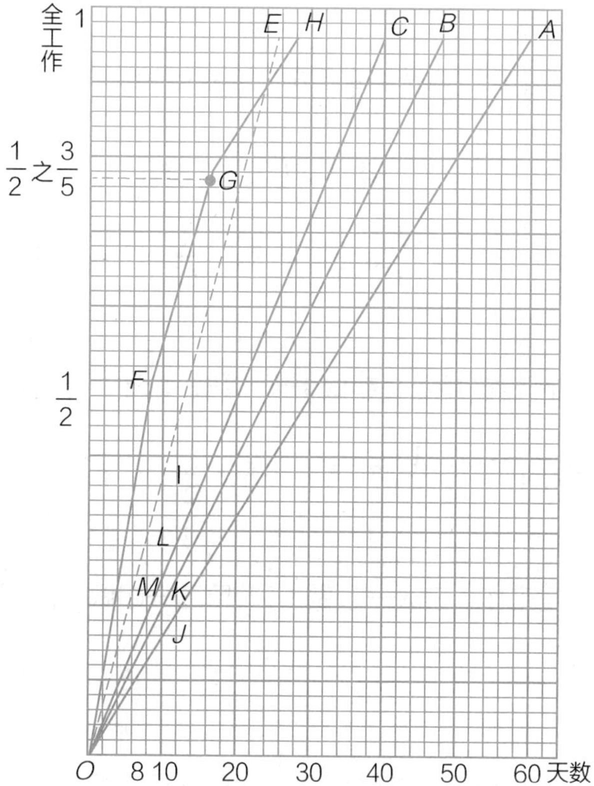

图 11-8 例五图解

（7）在 8 这点的纵线和甲、乙一起做的工作线 OE 交于 L，和 3 人合作的工作线 OF 交于 F。从 8 起在这纵线上截 $8M$ 等于 LF 的长，得 M 点。连结 OM 并且延长得 OC，便是丙一人独做的工作线，可知他 40 天就可完成全部工程。

算法如下：

甲独做：$1 \div [(\frac{1}{2} - \frac{3}{5} \times \frac{1}{2}) \div 12] = 60$

全工作　残余一半　甲乙一起做的　天数

甲 1 人 1 天的工作

乙独做：$1 \div (\frac{3}{5} \times \frac{1}{2} \div 8 - \frac{1}{60}) = 48$

全工作　甲乙一起做 1 天　甲做 1 天　天数

丙独做：$1 \div (\frac{1}{2} \div 8 - \frac{3}{5} \times \frac{1}{2} \div 8) = 40$

全工作　三人一起做 1 天　甲乙一起做一日　天数

例六：一工程，甲、乙一起做 8/3 天完成，乙、丙一起做 16/3 天完成，甲、丙合做 16/5 天完成，一人独做各几天完成？

“这倒是真正地越来越复杂，老文章不好直接抄了。”马先生说。

“不管三七二十一，先把每两人一起做的工作线画出来。”没有人回答，马先生接着说。

这自然是“抄老文章”。如图 11-9 所示，*OL* 是甲、乙的工作线，OM 是乙、丙的工作线，ON 是甲、丙的工作线，马先生叫王有道在黑板上画了出来。然后他随手将在 L 点的纵线和 ON、OM 的交点涂了涂，写上 D 和 E。

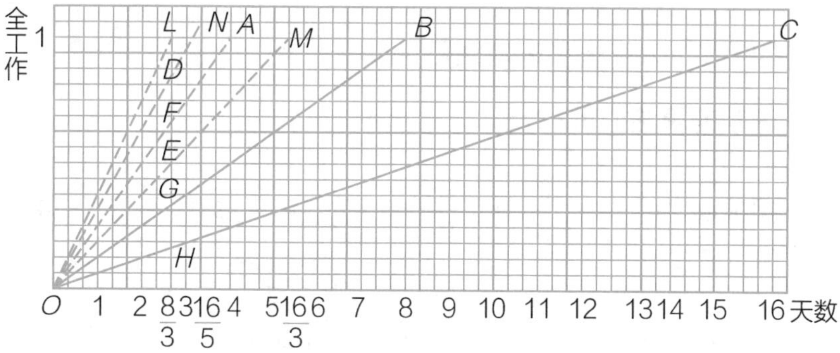

图 11-9　例六图解

“LD 表示什么？”

“乙、丙的工作差。”王有道回答。

“好，那么从 E 点开始，在这纵线上截去 LD 得 G，$\frac{8}{3}$ 到 G 是什么？”

“乙的工作。”周学敏回答。

“所以，连结 OG 并且延长到 B，就是乙一人独做的工作线，他要 8 天完成。再从 G 起，截去一个 LD 得 H，$\frac{8}{3}$ 到 H 是什么？”

“丙的工作。”我回答。

“连结 OH 并延长到 C，OC 就是丙独自一人做的工作线，他完成全工作要 16 天。”

MARKER

"从 D 起截去 $\frac{8}{3}H$ 得 F，$\frac{8}{3}F$ 不用说是甲的工作。连结 OF 并延长得 OA，这是甲一人独做的工作线。他要几天才能做完全部工程？"

"4 天。"大家很高兴地回答。

这题的算法如下：

甲独做：$1 \div [(\frac{3}{8} + \frac{3}{16} + \frac{5}{16}) \div 2 - \frac{3}{16}] = 4$

 ⋮ ⋮ ⋮ ⋮ ⋮

 甲、乙 1 天的工作 ：甲、丙 1 天做 ⋮ ⋮

 乙、丙 1 天做 乙、丙 1 天做 天数

 甲、乙、丙 1 天做

乙独做：$1 \div (\frac{3}{8} - \frac{1}{4}) = 8$

 ⋮ ⋮ ⋮

 甲、乙 1 天做 甲 1 天做 天数

丙独做：$1 \div (\frac{5}{16} - \frac{1}{4}) = 16$

 ⋮ ⋮ ⋮

 甲、丙 1 天做 甲 1 天做 天数

马先生结束这一课时说：

“这课到此为止。下堂课想把四则问题做一个总结，将没有讲到但还常见的题都讲个大概。你们也可提出觉得困难的问题来。其实‘四则问题’这个词本不大妥当，全部算术所用的方法除了加、减、乘、除，还有什么？所以，全部算术问题都可以说是四则问题。”

十二　归一法的问题

上次马先生已说过，这次把“四则问题”做一个总结，而且要我们提出觉得困难的问题来。于是，昨天一下午时间便消磨在搜寻问题上了。我约了周学敏一同商量，发现有许多计算法马先生都不曾讲到，而在已讲过的方法中，还遗漏了我觉得难解的问题，清算起来一共二三十题，不知道怎样向马先生提出来。

真奇怪！马先生好像已明白了我的心理，一走上讲台便说：“今天来结束所谓‘四则问题’，先让你们把想要解决的问题都提出，我们再依次讨论。”这自然是给我一个提出问题的机会了。因为我想提的问题太多了，所以决定先让别人开口，然后再补充。结果有的说到归一法的问题，有的说到全部通过的问题……我所想到的问题已提出了十之八九，只剩了十之一二。

因为问题太多，这次马先生花费的时间确实不少。从“归一法的问题”到“七零八落”，这个分类是我自己做的，为的是便于检查。

按照我们提出的顺序，马先生从归一法开始，逐一讲下去。

对于归一法的问题，马先生提出一个原理。

“这类题，本来只是比例的问题，但也可以反过来说，比例的问题本不过是四则问题。这是大家都知道的。王老大 30 岁，王老五 20 岁，我们就说他们两兄弟年龄的比是 3∶2 或 3/2。其实这和王老大有法币 10 元，王老五只有 2 元，我们就说王老大的法币是王老五的 5 倍一样。王老大的年龄是王老五的 3/2 倍，和王老大同王老五的年龄比是 3/2，正是半斤对八两，只不过容貌不同。”

“那么，归一法的问题，只是‘倍数一定’的关系了？”我好像有了一个大发明似的。自然，这是昨天得到了周学敏和马先生指示的结果。

“一点儿不错！既然抓住了这个要点，我们就来解答问题吧！”马先生说。

例一：工人 6 名，4 天吃 1 斗 2 升米，今有工人 10 名做工 10 天，吃多少米？

要点虽已懂得，下手却仍困难。马先生写好了题，要我们画图时，大家都茫然了。以前的例题，每个只含 3 个量，而且其中一个量总是由其他两个量依一定的关系产生的，所以是用横线和纵线各表示一个，然后依它们之间的关系画线。而本题有人数、天数、米数 3 个量，题目看上去容易，但却不知道从何下手，只好呆呆地望着马先生了。

马先生看见大家的呆相，禁不住笑了起来：“从前有个先生给学生批文章，因为这学生是个公子哥儿，批语要好看，但文章做的却太坏，他于是只好批 4 个字——‘六窍皆通’。这个学生非常得意，其他同学见状，跑去质问先生。他回答说，人是有七窍的呀，六窍皆通，便是‘一窍不通’了。”

这一来惹得大家哄堂大笑，但马先生反而若无其事地继续说道：“你们今天却真是‘六窍皆通’的‘一窍不通’了。既然抓住了要点，还有什么难呢？”

……

仍是没有人回答。

“我知道，你们平常惯用横竖两条线，每一条表示一种量，现在碰到了 3 种量，这一窍就通不过来了，是不是？其实拆穿西洋镜，一点儿不稀罕！题目上虽有 3 个量，何尝不可以只用两条线，而让其中一条线来兼职呢？工人数是一个量，米数是一个量，米是工人吃掉的。至于天数不过表示每人多吃几餐罢了。这么一想，比如用横线兼表人数和天数，每 6 人一段，取 4 段不就行了吗？这一来纵线自然表示米数了。”马先生边说边做出了图 12-1。

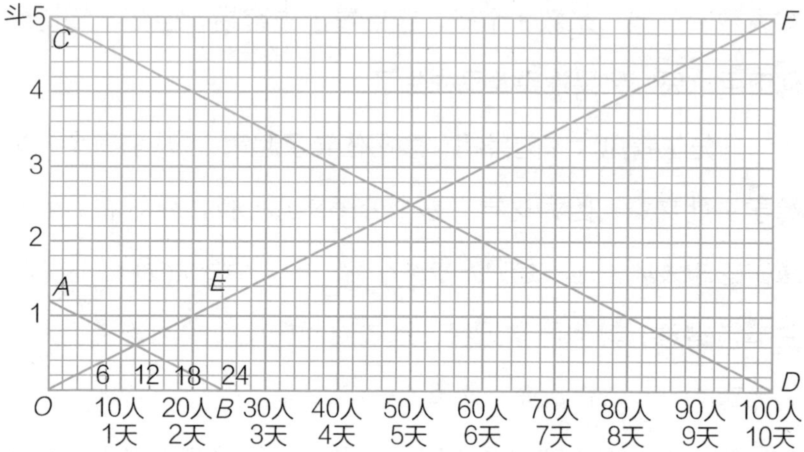

图 12-1　例一图解

“由 6 人 4 天得 B 点，1 斗 2 升在 *A* 点，连结 *AB* 就得一条线。再由 10 人 10 天得 *D* 点，过 *D* 点画线平行于 *AB*，交纵线于 *C*。”

“吃多少米？”马先生问。

“5 斗！”大家高兴地争着回答。

马先生在图上 6 人 4 天那点的纵线和 1 斗 2 升那点的横线相交的地方，作了一个 *E* 点，又连结 *OE* 并延长到 10 人 10 天的纵线，写上 *F*，又问：

“吃多少米？”

大家都笑了起来，原来一条线也就行了。

至于这题的算法，就是先求出 1 人 1 天吃多少米，所以叫作“归一法”。

（ 1.2 斗 ÷ 4 ÷ 6 ）× 10 × 10 = 5 斗

⋮　⋮　⋮　⋮　⋮

6 人 4 天吃的⋮　⋮　⋮　⋮

6 人 1 天吃的⋮　⋮　⋮

1 人 1 天吃的　⋮　⋮

10 人 1 天吃的　10 人 10 天吃的

例二：6 人 8 天可做完的工事，8 人几天可做完？

算学的困难在这里，它的趣味也在这里。马先生仍叫我们画图，我们仍是“六窍皆通”！依样“照葫芦画瓢”，6 人 8 天的一条 *OA* 线，我们都能找到着落了，但另一条线呢？马先生！依然得依靠马先生！他叫我们随意另画一条 *BC* 横线——其实用纸上的横线也行——两头和 *OA* 在同一纵线上，于是从 *B* 起，每 8 人一段截到 *C* 为止，共是 6 段，便是 6 天可以做完，如图 12-2 所示。

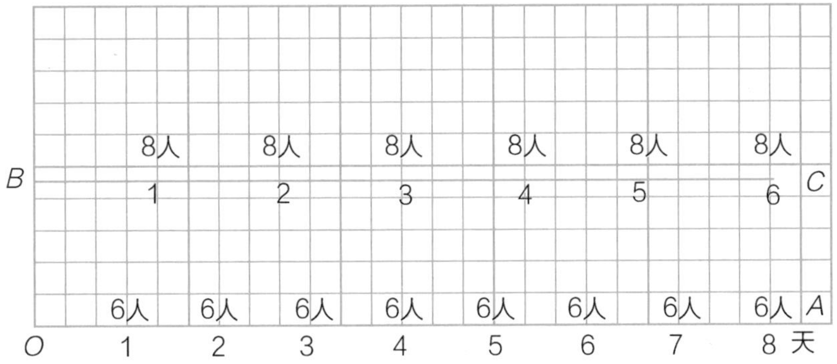

图 12-2　例二图解

马先生说："这题倒不怪你们做不出，这个只是一种变通的做法，正规的画法留到讲比例时再说，因为这本是一个反比例的题目，和例一正比例的不同。所以就算法上说，也就显然相反。"

$$\underbrace{8 \times 6}_{6\text{人做}} \div \underset{\vdots}{8} = 6$$

6 人做　　8 人做

十三　截长补短

说得文气一点，就是平均算。这是我们很容易明白的，根本上只是一加一除的问题，我本来不曾想到提出这类问题。既然有人提出，而且马先生也解答了，姑且放一个例题在这里。

例：上等酒 2 斤，每斤 3.5 角钱；中等酒 3 斤，每斤 3 角；下等酒 5 斤，每斤 2 角。3 种酒相混，每斤值多少钱？

我们用图 13-1 来解这道题。横线表示价钱，纵线表示斤数。

AB 线指出 10 斤酒一共的价钱，过指示 1 斤的这一点，作 1*C* 平行于 *AB* 得 *C*，指示出 1 斤的价钱是 2.6 角。

算法：

$$\underbrace{(\underset{\text{上等酒}}{3.5\text{角/斤}\times2\text{斤}}+\underset{\text{中等酒}}{3\text{角/斤}\times3\text{斤}}+\underset{\text{下等酒}}{2\text{角/斤}\times5\text{斤}})}_{\text{总价}}\div\underset{\text{总斤数}}{(2+3+5)\text{斤}}=\underset{\text{混装后的价格}}{2.6\text{角}}$$

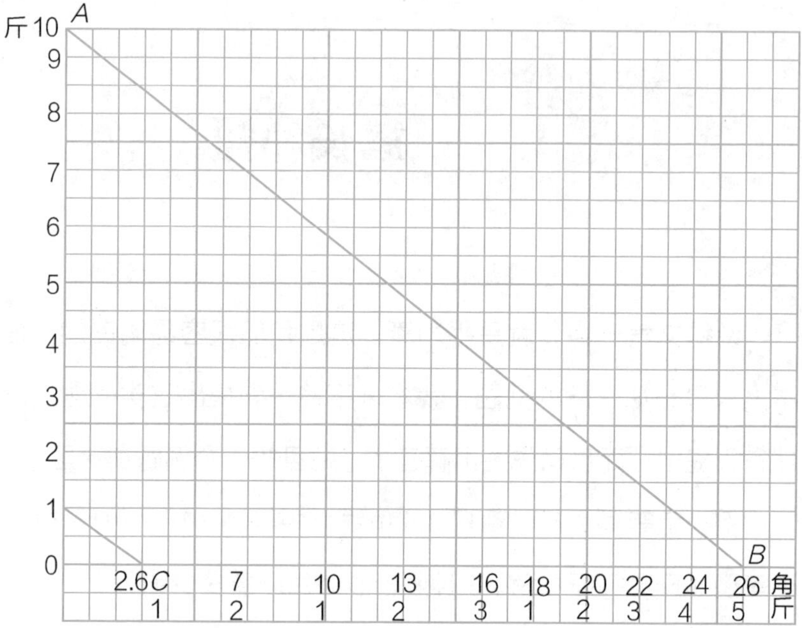

图 13-1 例题图解

十四 还原算

“因为3加5得8，所以8减去5剩3，而8减去3剩5。又因为3乘5得15，所以3除15得5，5除15得3。这是小学生都已知道的了。加减法互相还原，乘除法也互相还原，这就是还原算的靠山。”马先生这样提出要点之后，就写出了下面的例题。

例一：某数除以2，得到的商减去5，再3倍，加上8，得20，求这个数。

马先生说，“这只要一条线就够了，至于画法，和算法一样，不过是‘倒行逆施’。”

自然，我们已能够想出来了，如图14-1所示。

（1）取OA表20。

（2）从A“反”向截去8得B。

（3）过O任画一直线OL。从O起，在上面连续取相等的3段得$O1$，12，23。

（4）连结$3B$，作$1C$平行于$3B$。

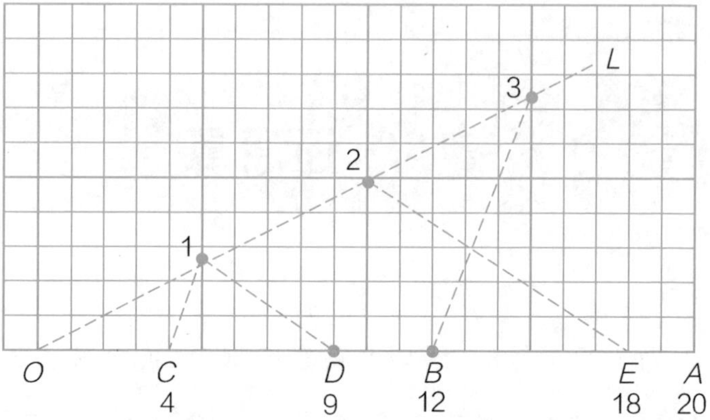

图 14-1 例一图解

（5）从 C 起“顺”向加上 5 得 OD。

（6）连结 $1D$，作 $2E$ 平行于 $1D$，得 E 点，它指示的是 18。

这情形和计算时完全相同。

$$[(20-8)\div 3+5]\times 2=18$$

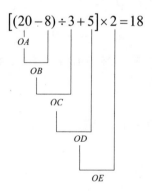

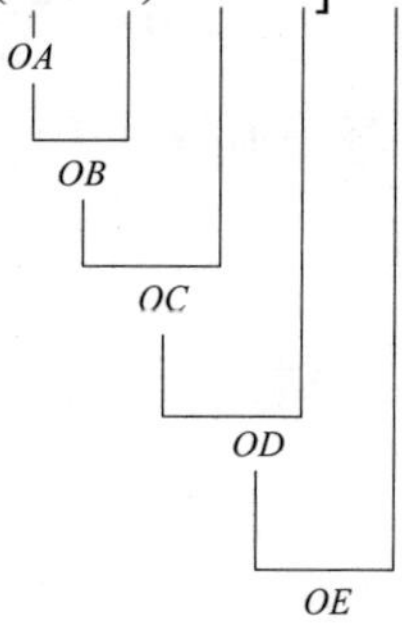

例二：某人有桃若干个，拿出一半多 1 个给甲，又拿出剩余的一半多 2 个给乙，还剩 3 个，求原有桃数。

这和前题本质上没有区别，所以只将图 14-2 和算法相对应地写出来。

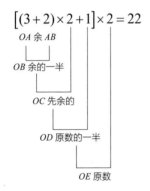

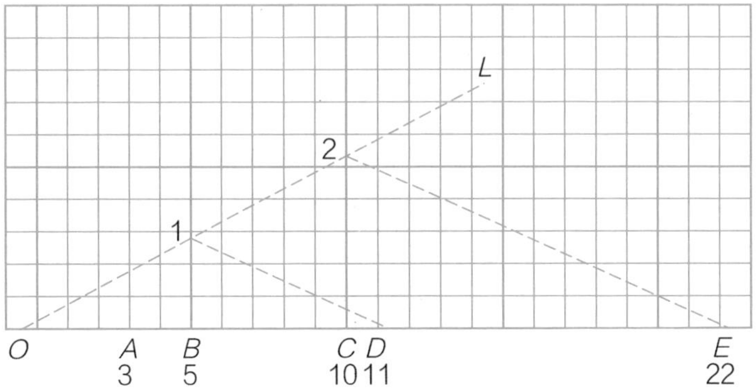

图 14-2 例二图解

$$[(3+2)\times 2+1]\times 2=22$$

OA 余 *AB*

OB 余的一半

OC 先余的

OD 原数的一半

OE 原数

十五 五个指头四个叉

回答栽树的问题，马先生就只说：“‘五个指头四个叉’，你们自己去想吧！”其实呢，——马先生也这样说——“割鸡用不到牛刀，这类题，只要照题意画一个草图就可明白，不必像前面一样大动干戈了！”

例一：在 60 丈长的路上，从头到尾，每隔 2 丈种 1 株树，共种多少株？

如图 15-1，算法是：$60\div2+1=31$。

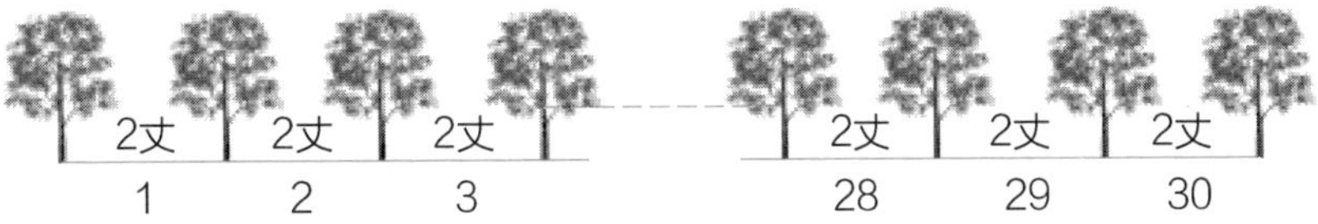

图 15-1 例一图解

例二：在 10 丈长的池周，每隔 2 丈立 1 根柱，共有几根柱？

算法是：$10\div2=5$。

如图 15-2，例二的路是首尾相接的，所以起首一根柱，也就是最后一根。

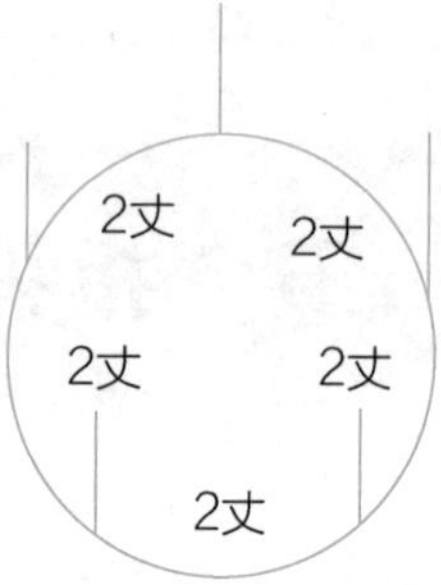

图 15-2　例二图解

例三：12 尺长的梯子，每段横木相隔 1.2 尺，有几根横木？（两端用不到横木）

如图 15-3，算法是：$12 \div 1.2 - 1 = 9$。

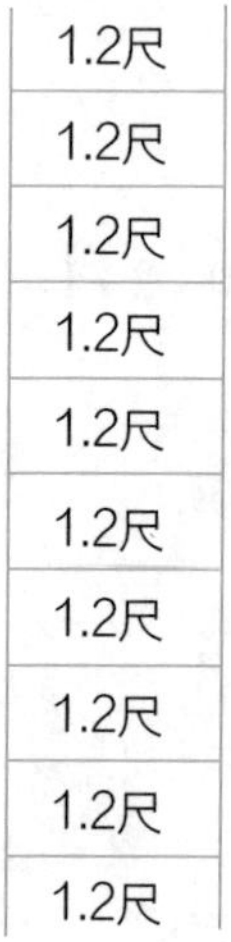

1.2尺
1.2尺
1.2尺
1.2尺
1.2尺
1.2尺
1.2尺
1.2尺
1.2尺
1.2尺

图 15-3　例三图解

十六 排方阵

这类题也是可照题画图来实际观察的。为了彻底明白它的要点，马先生让各人先画一个图（如图 16-1 所示）来观察下面的各项。

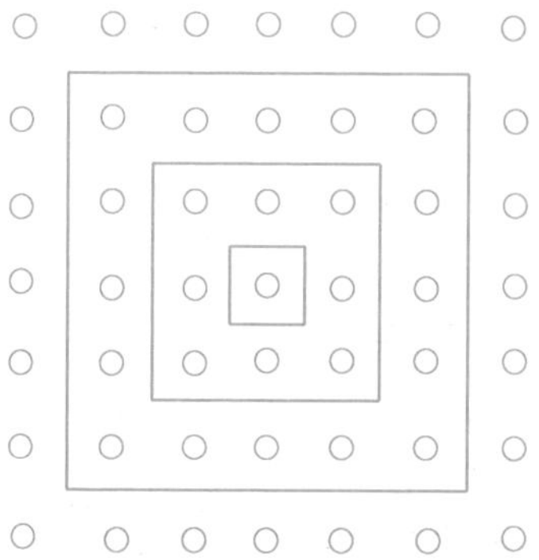

图 16-1　关于排方阵问题的课前知识准备

（1）外层每边多少人？（7）

（2）总数多少人？（ 7×7 ）

（3）从外向里第二层每边多少人？（5）

（4）从外向里第三层每边多少人？（3）

（5）中央多少人？（1）

（6）每相邻的两层每边依次少多少人？（2）

“这些就是方阵的秘诀。”马先生含笑说。

例一：3层中空方层，外层每边11人，共有多少人？

除了上面的秘诀，马先生又说：“这正用得着兵书上的话，‘虚者实之，实者虚之’了。”

“先来‘虚者实之’，看共有多少人。”马先生说。

“11乘11，121人。”周学敏回答。

“好！那么，再来‘实者虚之’。外面3层，里面剩的顶外层是全方阵的第几层？”

“第4层。”也是周学敏回答。

“第4层每边是多少人？”

“第二层少2人，第三层少4人，第四层少6人，是5人。”王有道。

“计算各层每边的人数有一般的法则吗？”

二层少1个2人，三层少2个2人，四层少3个2人，所以从外层数起，第某层每边的人数是：

“外层每边的人数－2人×（层数－1）。”

“本题按照实心算，除去外边的3层，还有多少人？”

“五五二十五。”我回答。

这样一来，大家都会算了。

$$11\times11-[11-2\times(4-1)]\times[11-2\times(4-1)]=121-25=96$$

实阵人数　　　　中心方阵人数　　　　　　　实际人数

例二：兵一队，排成方阵，多 49 人，若纵横各加 1 行，又差 38 人，原有兵多少？

马先生首先提出这样一个问题：

“纵横各加 1 行，照原来外层每边的人数说，应当加多少人？”

“两倍外层的人数。”某君回答。

“你这是空想的，不是实际观察得来的。”马先生提出批评。

对于这批评，某君不服气，他用铅笔在纸上画了图 16-2 来看，才明白了“还需加上 1 个人”。

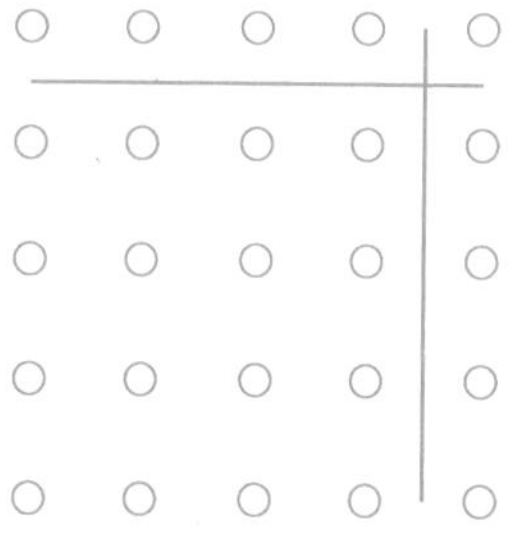

图 16-2　例二图解

“本题，每边加 1 行共加多少人？”马先生问。

“原来多的 49 人加上后来差的 38 人，共 87 人。”周学敏回答。

“那么，原来的方阵外层每边几个人？”

“87 减去 1——角落上的，再折半，得 43 人。”周学敏再答。

马先生指定我将式子列出，我只好在黑板上写，还好，没有错。

$$[(49+31-1)\div 2]\times[(49+39-1)\div 2]+49=1898$$

例三：1296人排成12层的中空方阵，外层每边有几人？

观察！观察！马先生又指导我们观察了！所要观察的是，每边各层都按照外层的人数算，是怎么一回事！

清清楚楚地，如图16-3所示，*AEFD*、*BCHG*，横看每排的人数都和外层每边的人数相同。换句话说，全部的人数，便是层数乘外层每边的人数。而竖着看，*ABJI* 和 *CDKL* 也是一样的。这和本题有什么关系呢？我想了许久，看了又看，还是觉得莫名其妙！

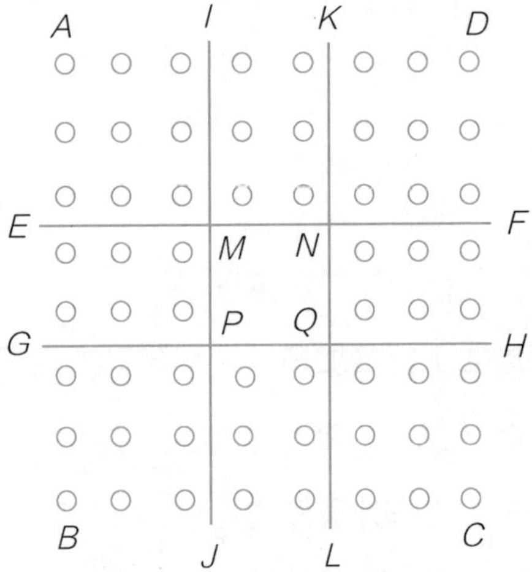

图16-3　例三图解

后来，马先生才问：“依照这种情形，我们算成总共的人数是四个 *AEFD* 的人数行不行？”自然不行，算了两个 *AEFD* 已只剩两个 *EGPM* 了。所以若要算成 4 个，必须加上 4 个 *AEMI*，这是大家讨论的结果。至于 *AEMI* 的人数，就是层数乘层数。这一来，算法也就明白了。

$$(1296+12\times12\times4)\div4\div12=39$$ ……外层每边人数

原人数　*AEMI*　人数　层数

AEFD　人数

例四：有兵一队，正好排成方阵。后来减少 12 排，每排正好添上 30 人，这队兵是多少人？

越来越糟，我简直是坠入迷魂阵了！

马先生在黑板上画出图 16-4 来，便一句话也不说，只是静悄悄地看着我们。自然，这是让我们自己思索，但是从哪儿下手呢？

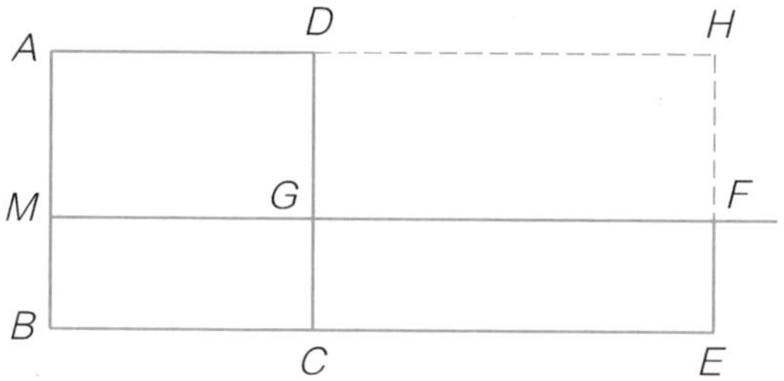

图 16-4　例四图解

看了又看，想了又想，我只得到了以下几点：

（1）*ABCD* 是原来的人数。

（2）*MBEF* 也是原来的人数。

（3）*AMGD* 是原来 12 排的人数。

（4）*GCEF* 也是原来 12 排的人数，还可以看成是 30 乘“原来每排人数减去 12”的人数。

（5）*DGFH* 的人数是 12 乘 30。

我所能想到的，就只有这几点，但是它们有什么关系呢？

无论怎样我也想不出什么了！

周学敏还是值得我佩服的，在我百思不得其解的时候，他已算了出来。马先生就叫他讲给我们听。最初他所讲的，原只是我已想到的 5 点。接着，他便继续说明下去。

（6）因为 *AMGD* 和 *GCEF* 的人数一样，所以各加上 *DGFH*，人数也是一样，就是 *AMFH* 和 *DCEH* 的人数相等。

（7）*AMFH* 的人数是“原来每排人数加 30”的 12 倍，也就是原来每排的人数的 12 倍加上 12 乘 30 人。

（8）*DCEH* 的人数却是 30 乘原来每排的人数，也就是原来每排人数的 30 倍。

（9）由此可见，原来每排人数的 30 倍与它的 12 倍相差的是 12 乘 30 人。

（10）所以，原来每排人数是 $30\times12\div(30-12)$，而全部的人数是：

$$[30\times12\div(30-12)]\times[30\times12\div(30-12)]=400$$

可不是吗？400 人排成方阵，恰好每排 20 人，一共 20 排，减少 12 排，便只剩 8 排，而减去的人数一共是 240，平均添在 8 排上，每排正好加 30 人。为什么他会转这么一个弯儿，我却不会呢？

我真是又羡慕又嫉妒啊！

十七　全部通过

这是某君提出的问题。马先生对于我们提出这样的问题，好像非常诧异，他说：

“这不过是行程的问题，只需注意一个要点就行了。从前学校开运动会的时候，有一种运动叫作什么障碍物竞走，比现在的跨栏要费事得多，除了跨一两次栏，还有撑竿跳高、跳浜、钻圈、钻桶，等等。钻桶，属于全部通过的问题。桶的大小只能容一个人直着身子爬过，桶的长短却比一个人长一点儿。我且问你们，一个人，从他的头进桶口起，到全身爬出桶止，他爬过的距离是多少？”

“桶长加身长。”周学敏回答。

“好！”马先生说，“这就是‘全部通过’这类题的要点。”

例一：长 60 丈的火车，每秒行驶 66 丈，经过长 402 丈的桥，自车头进桥，到车尾出桥，需要多长时间？

马先生将题写出后，便一边画图 17-1，一边讲：

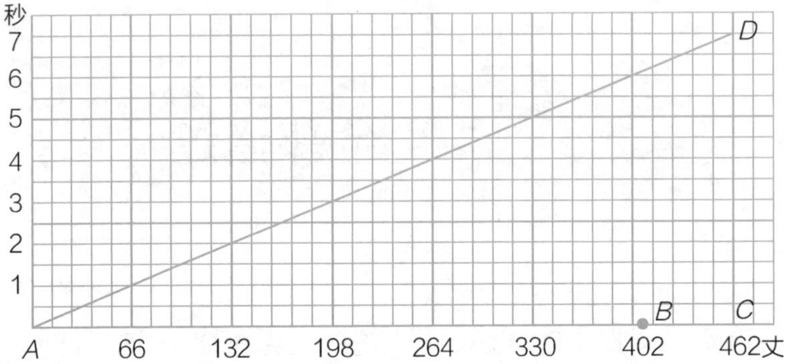

图 17-1　例一图解

用横线表示距离，AB 是桥长，BC 是车长，AC 就是全部通过需要走的路程。

用纵线表示时间。

依照 1 和 66“定倍数”的关系画 *AD*，从 *D* 横看过去，得 7，就是要走 7 秒钟。

根据马先生的讲解，我且将算法补在这里：

（ 402 丈 ＋ 60 丈 ）÷ 66 丈 / 秒 = 7 秒

⋮	⋮	⋮	⋮
AB	*BC*	⋮	⋮
⋮	⋮	⋮	⋮
桥长	车长	速度	时间

例二：长 40 尺的列车，全部通过长 200 尺的桥，耗时 4 秒，列车的速度是多少？

以前一个例题作蓝本，此题是知道距离和时间，求速度的问题。它的算法，我也明白了：

（ 200 尺 ＋ 40 尺 ）÷ 4 秒 = 60 尺 / 秒

⋮	⋮	⋮	⋮
AB	*BC*	⋮	⋮
⋮	⋮	⋮	⋮
桥长	车长	时间	速度

画图的方法，第一、二步与例一是相同的，不过第三步是连结 *AD* 得交点 *E*，由 *E* 竖看下来，60 便是列车每秒的速度，如图 17-2 所示。

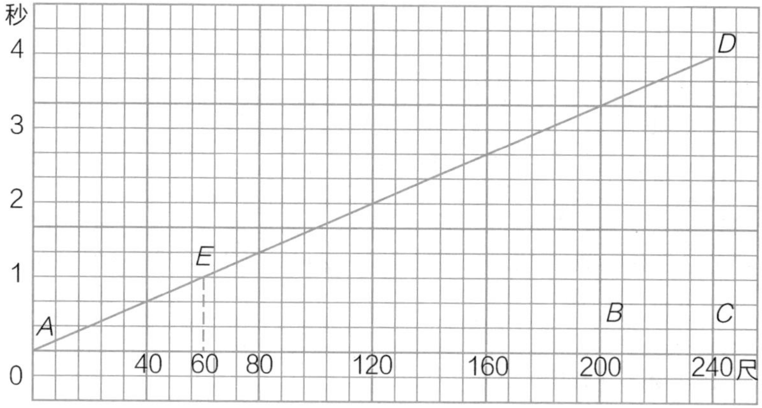

图 17-2　例二图解

例三：有人见一列车驶入 240 公尺长的山洞，车头入洞后 8 秒，车身全部入内，共经 20 秒钟，车完全出洞，求车的速度和车长。

这题最初我也想不透，但一经马先生提示，便恍然大悟了。

“列车全部入洞要 8 秒钟，不用说，从车头出洞到全部出洞也是要 8 秒钟了。”

明白这一个关键，画图真是易如反掌啊！如图 17-3，先以 *AB* 表示洞长，20 秒减去 8 秒，正是 12 秒，这就是车头从入洞到出洞所经过的时间，因得 *D* 点，连结 *AD*，就是列车的行进线。——延长到 20 秒那点得 *E*。由此可知，列车每秒钟行 20 公尺，车长 *BC* 是 160 公尺。

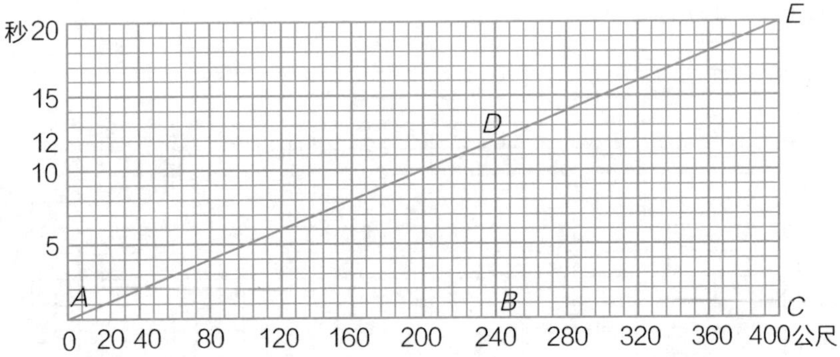

图 17-3　例三图解

算法是这样的：

240 公尺 ÷（20 秒 − 8 秒）= 20 公尺 / 秒——列车的速度

20 公尺 / 秒 × 8 秒 = 160 公尺——列车的长

例四：A、B 两列车，A 长 92 尺，B 长 84 尺，相向而行，从相遇到相离，经过 2 秒钟。若 B 车追 A 车，从追上到超过，经 8 秒钟，求各车的速度。

马先生指定周学敏解答这道题，于是他边画图（如图 17-4 所示）边说：

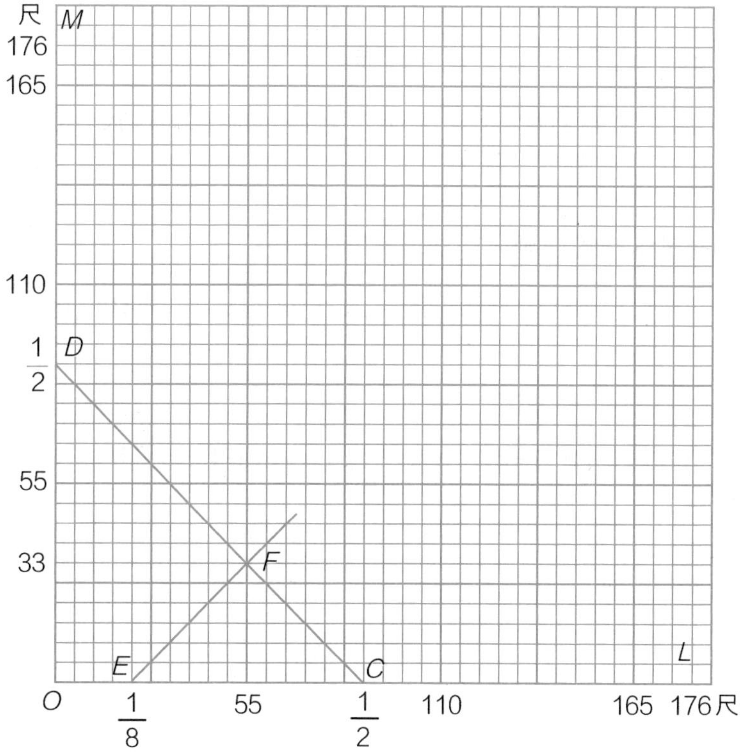

图 17-4　例四图解

“第一，依‘全部通过’的要点，两车所行的距离总是两车长的和，因而得 *OL* 和 *OM*。

“第二，两车相向而行，每秒钟经过的总距离是它们速度的和。因两车 2 秒钟相离，所以这速度的和等于两车长的和的 1/2，因而得 CD，这是表‘和一定’的线。

“第三，两车同向相追，每秒钟所追上的距离是它们速度的差。因 8 秒钟追过，所以这速度的差等于两车长的和的 1/8，因而得 EF，这是表‘差一定’的线。

“从 F 竖看得 55 尺，是 B 的速度；横看得 33 尺，是 A 的速度。”

经过这样的说明，算法自然容易明白了：

$$\left[\underbrace{\overset{\text{距离}}{(92\text{尺}+84\text{尺})}\div 2\text{秒}}_{\text{速度和}}+\underbrace{(92\text{尺}+84\text{尺})\div 8\text{秒}}_{\text{速度差}}\right]\div 2=\underset{B\text{ 的速度}}{55\text{尺}/\text{秒}}$$

$$\left[(92\text{尺}+84\text{尺})\div 2\text{秒}-(92\text{尺}+84\text{尺})\div 8\text{秒}\right]\div 2=\underset{A\text{ 的速度}}{33\text{尺}/\text{秒}}$$

十八　七零八落

大家所提到的，只剩下面 3 个题目了。

例一：有人自日出至午前 10 时行 19 里 125 丈，自日落至午后 9 时行 7 里 140 丈，求昼长多少？

素来不皱眉头的马先生，听到这题却皱了眉头。——这题真难吗？

似乎真是“眉头一皱，计上心来”一样，马先生对于他的皱眉头这样加以解释：

“这题的数目太啰唆，什么里、丈，‘纸上谈兵’，真是有点儿摆布不开。我来把题目改一下吧！——有人自日出至午前 10 时行 10 里，自日落至午后 9 时行 4 里，求昼长多少？

“这个题的要点是‘从日出到正午，和自正午到日落，时间相等’。因此，用纵线表时间，我们不妨画 18 小时，从午前 3 时到午后 9 时，那么，正午前后都是 9 小时。既然从正午到日出、日落的时间一样，就可以假设这人是从午前 3 时走到午前 10 时，共走 14 里，所以得表示行程的 *OA* 线。”

这自然很明白了，将 *OA* 延长到 *B*，所表示的就是，假如这人从午前 3 时一直走到午后 9 时，便是 18 小时共走了 36 里。他的速度，由 *AB* 线所表示的“定倍数”的关系，就可知是每小时 2 里了。（这是题外的文章）

“午后 9 时走到 36 里，从日落到午后 9 时走的是 4 里，回到 32 里的地方，往上看，得 *C* 点。横看，是午后 7 时，可知日落是在午后 7 时，距离正午 7 小时，所以昼长是 14 小时，如图 18-1 所示。”

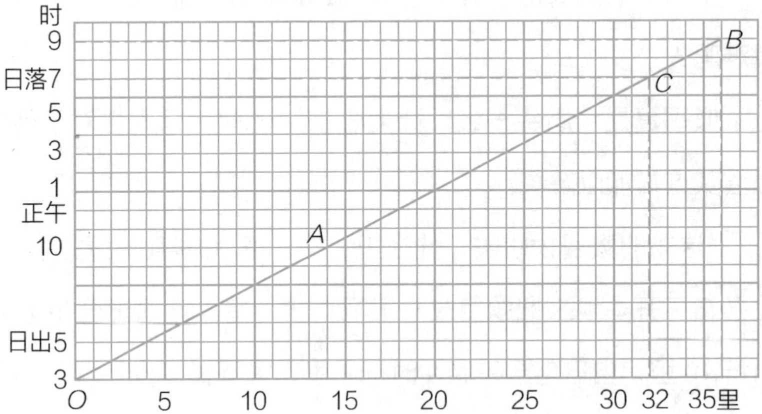

图 18-1　例一图解

由此也就得出了计算法：

4 里 ÷ 2 里 / 小时 = 2 小时——日落到午后 9 时的小时数

（ 10 里 + 4 里 ）÷（ 9−2 ）小时 =2 里 / 小时——速度

⋮　⋮

正午到午后 9　午前 10 时到正
时的小时数　　午的小时数

（ 9 − 2 ）小时 × 2 = 14 小时

⋮　　　　　　　⋮

正午到日落的小时数　　　　昼长

依样“照葫芦画瓢”，例一的计算如下：

9 − 2 —— 从午前 3 时到 10 时的小时数

（19 里 125 丈 + 7 里 140 丈）÷（9 − 2）小时 =3 里 145 丈 / 小时——速度

7 里 140 丈 ÷ 3 里 145 丈 / 小时 = 2 小时——从日落到午后 9 时的小时数

（9−2）小时 × 2 = 14 小时——昼长

例二：有甲、乙两旅人，乘三等火车，所带行李共 200 斤，除二人三等车行李无运费的重量外，甲应付超重费 1.8 元，乙应付 1 元。若把行李分给一人，则超重费为 3.4 元，三等车每人所带行李不超重的重量是多少？

我居然也找到了这题的要点，从 3.4 元中减去 1.8 元，再减去 1 元，加上 3.4 元便是超重的行李应当支付的超重费。但图 18-2 还是由王有道画出来的，马先生对于这题没有发表意见。

用横线表示钱数，3.4 元（*OC*）减去 1.8 元（*OA*），再减去 1 元（*AB*），只剩六角（*BC*），将这剩下的钱加到 3.4 元上去便得 4 元（*OD*）。

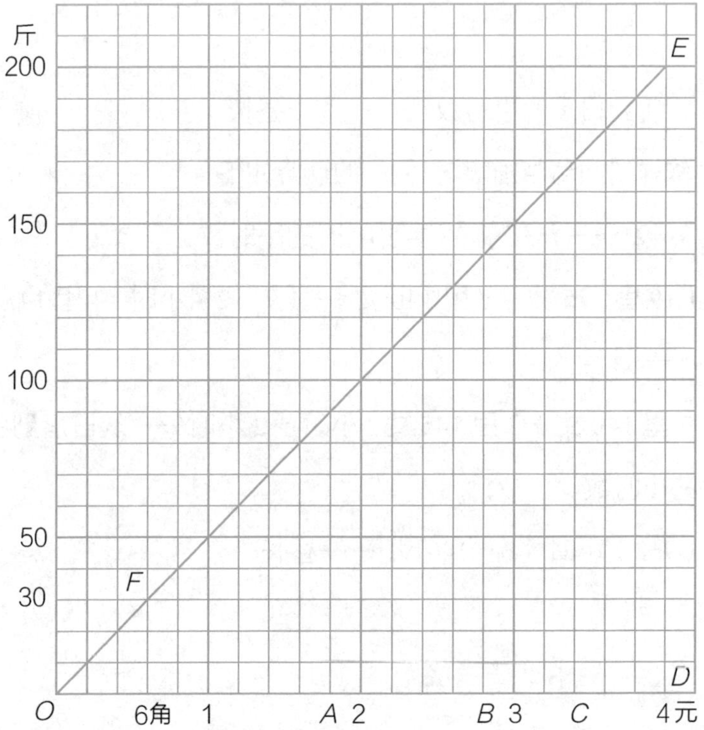

图 18-2　例二图解

这就表明若 200 斤行李都要支付超重费，便要支付 4 元，因此得 *OE* 线。从六角的一点向上看得 *F*，再横看得 30 斤，就是所求的重量。

（34 角 − 18 角 − 10 角）÷[（34 角 + 34 角 − 18 角 − 10 角）÷

200 斤] = 30 斤——所求的斤数

例三：有一个两位数，其十位数字与个位数字交换位置后与原数的和为 143，而原数减其倒转数[1]为 27，求原数。

“用这个题来结束所谓四则问题，倒很好！”马先生在疲惫中显得兴奋，“我们暂且丢开本题，来观察一下两位数的性质。这也可以勉强算是一个科学方法的小演习，同时也是寻求解决问题——算学的问题自然也在内的门槛。”说完，他就列出了下面的数据：

原数	12	23	34	47	56
倒转数	21	32	43	74	65

“现在我们来观察，或者说是实验也无妨。”马先生说。

“原数和倒转数的和是多少？”

“33, 55, 77, 121, 121。”

“这几个数有什么规律吗？”

“都是 11 的倍数。”

“我们可以说，所有两位数同它的倒转数的和都是 11 的倍数吗？”

“……”没有人回答。

“再来看各是 11 的几倍？”

1　将它的各位数字顺序调换，如：123的倒转数是321。

“3 倍，5 倍，7 倍，11 倍，11 倍。”

“倍数和原数有什么关系吗？”

我们静静地看了一阵，四五个人一同回答：

“原数数字的和是 3, 5, 7, 11, 11。”

“你们能找出其中的理由来吗？”我们被问住了，集体沉默。

“12 是由几个 1、几个 2 合成的？”马先生引导我们。

“十个 1，一个 2。”王有道回答。

“它的倒转数呢？”

“一个 1，十个 2。”周学敏回答。

“那么，它俩的和中有几个 1 和几个 2？”

“11 个 1 和 11 个 2。”我也明白了。

“11 个 1 和 11 个 2，共有几个 11？”

“3 个。”许多人回答。

“我们可以说，凡是两位数与它的倒转数的和，都是 11 的倍数吗？”

“可——以——”我们真是快活极了。

“我们可以说，凡是两位数与它的倒转数的和，都是它的数字和的 11 倍吗？”

“当然可以！”大家一齐回答。

“这是此类问题的一个要点。还有一个要点，是从差的方面看出来的。你们去‘发明’吧！”

当然，我们很快就得到了答案！

“凡是两位数与它的倒转数的差，都是它的两数字差的 9 倍。”

有了这两个要点，本题自然迎刃而解了！

[(143 ÷ 11)+(27 ÷ 9)] ÷ 2 = 8（大数字）

⋮　　　　⋮

两数字和　　两数字差

[(143 ÷ 11)−(27 ÷ 9)] ÷ 2 = 5（小数字）

因为题上说的是原数减其倒转数，原数中的十位数字应当大一些，所以原数是 85。

85 加 58 得 143，而 85 减去 58 正是 27，真巧！

十九 韩信点兵

昨天马先生结束了四则问题以后，叫我们复习关于质数、最大公约数和最小公倍数的知识。晚风习习，我取了一本《开明算术教本》上册，阅读关于这些事项的第七章。从前学习它的时候是否感到困难，印象已模糊了。现在要说“一点儿困难没有”，我不敢这样自信。不过，再也不像从前遇见四则问题那样摸不着头脑了。也许其中的难点我不曾发觉吧！怀着这样的心情，今天到课堂上去听马先生的讲解。

“我叫你们复习的，都复习过了吗？”马先生一走上讲台就问。

“复习过了！”两三个人齐声回答。

“那么，有什么问题？”

每个人都瞪大双眼望着马先生，没有一个问题提出来。马先生在这静默中看了全体一遍：

“学算学的人，大半在这一部分不会感到有什么困难，你们大概也不会有什么问题了。”

我不曾发觉什么困难，照这样说，自然是由于这部分问题比较容易。心里这么想，期待着马先生的下文。

“既然大家都没有问题，我且提出一个来问你们：这部分问题，我们也用画图来处理它吗？”

“那似乎可以不必了！”周学敏回答。

“似乎？可以就可以，不必就不必，何必‘似乎’！”马先生笑着说。

“不必！”周学敏斩钉截铁地说。

“问题不在‘必’和‘不必’。既然有了这样一种法门，正可拿它来试试，看变得出什么花招来，不是也很有趣吗？”说完，马先生停了一停，再问，“这一部分所处理的材料是些什么？”

当然，这是我们都能答得上来的，于是大家抢着说：

“找质数。”

“分解质因数。”

“求最大公约数和最小公倍数。”

“归根结底，不过是判定质数和计算倍数与约数，——这只是一种关系的两面。12是6，4，3，2的倍数，反过来看，6，4，3，2便是12的约数了。”马先生这样结束了大家的话，然后掉转话头：

“闲言少叙，言归正传。你们将横线每一大段当1表示倍数，纵线每一小段当1表示数目，画表示2的倍数和3的倍数的两条线。”

这只是“定倍数”的问题，没有一个人不会画。马先生在黑板上也画了一个，如图 19-1 所示。

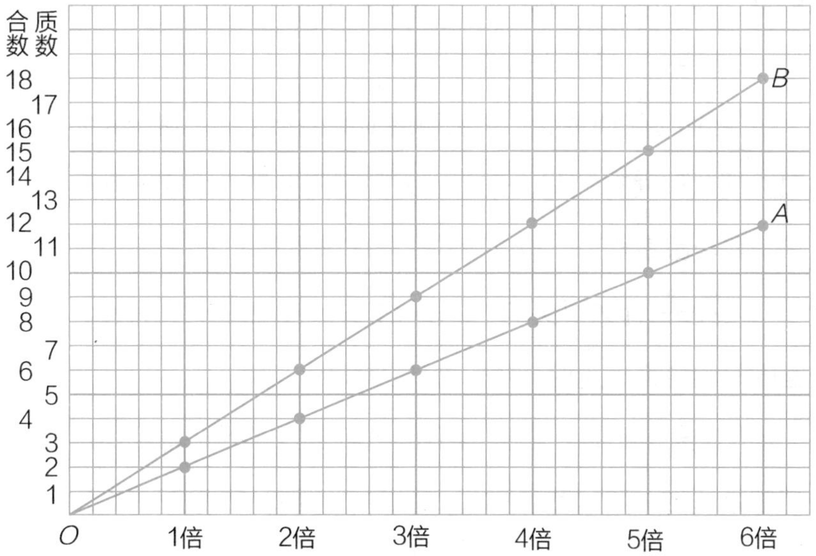

图 19-1　找质数（一）

“从这图上，可以看出些什么来？”马先生问。

“2 的倍数是 2，4，6，8，10，12。”我答。

“3 的倍数是 3，6，9，12，15，18。”周学敏答。

“还有呢？”

“5，7，11，13，17 都是质数。”王有道答。

“怎么看出来的？”

这几个数都是质数，我本是知道的，但从图上怎么看出来的，我却茫然了。马先生这么一追问，真是“实获我心”了。

“*OA* 和 *OB* 两条线都没有经过它们，所以它们既不是 2 的倍数，也不是 3 的倍数……”说到这里，王有道突然停住了。

“怎样？”马先生问道。

“它们总是质数呀！”王有道很不自然地说。这一来大家都已发现这里面有漏洞，王有道大概已明白了。大家一齐笑了起来，我也跟着笑了，不过我并未发现这漏洞。

“这没有什么可笑的。”马先生很郑重地说，“王有道，你回答的时候也有点儿迟疑了，为什么呢？”

“由图 19-1 看，它们都不是 2 和 3 的倍数，而且我知道它们都是质数，所以我那样说。但突然想到，25 既不是 2 和 3 的倍数，也不是质数，便疑惑起来。”王有道这么一解释，我才恍然大悟，漏洞原来在这里。

马先生露出很满意的神情，接着说：“其实这个判定法本是对的，不过欠一点儿精密，你是上了图的当。假如图还可以画得详细些，你就不会这样说了。”

马先生叫我们另画一个较详细的图，如图 19-2 所示，将表示 2，3，5，7，11，13，17，19，23，29，31，37，41，43，47 各倍数的线都画出来（下面的图将右边截去了一部分）。不用说，这些数都是质数。图上 50 以内的合数可以很清楚地看出来。不过，我有点儿怀疑——马先生原来是要我们从图上找质数，既然把表示质数的倍数的线都画出来了，还用找什么质数呢？

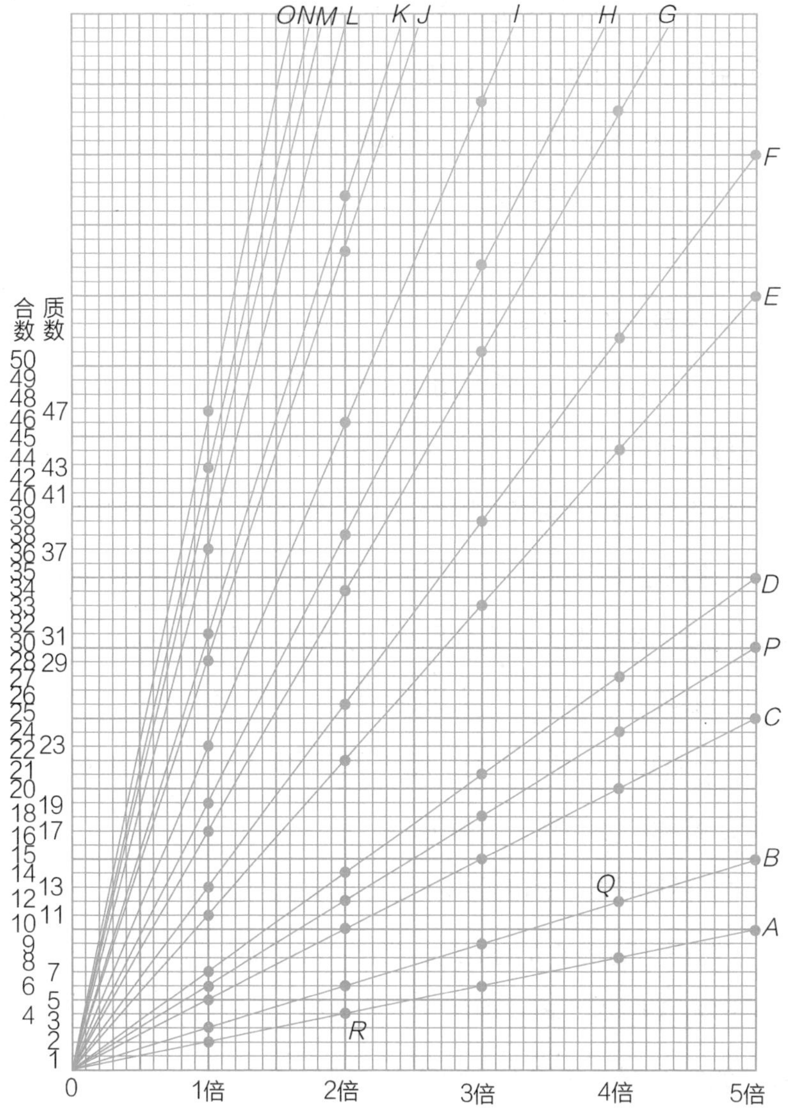

图 19-2　找质数（二）

马先生又叫我们画一条表示 6 的倍数的线——*OP*。他说："看了这张图，再不会说不是 2 和 3 的倍数的数便是质数了。你们再用表示 6 的倍数的一条线 *OP* 作标准，仔细看一看。"

经过 10 多分钟的观察，我发现了：

"质数都比 6 的倍数少 1。"

"不错。"马先生说，"但是应该补充一句——除了 2 和 3。"这确实是我不曾注意到的。

"为什么 5 以上的质数都比 6 的倍数少 1 呢？"周学敏提出了这样一个问题。

马先生叫我们回答，见没有人答得上来，他开始自问自答：

"这只是事实问题，不是为什么的问题。换句话说，便是整数的性质本来如此，没有原因。"对于这个解释，大家好像都有点儿莫名其妙，没有一个人说话。

"一点儿也不稀罕！你们想一想，随便一个数，用 6 去除，结果怎样呢？"马先生接着说。

"有的除得尽，有的除不尽。"周学敏回答。

"除得尽的就是 6 的倍数，当然不是质数。除不尽的呢？"

没有人回答，我也想得到有的是质数，如 23；有的不是质数，如 25。马先生见没人回答，便这样说：

"你们想想看，一个数用 6 去除，若除不尽，它的余数是什么？”

“1，例如 7。”周学敏答。

“5，例如 17。”另一个同学答。

“2，例如 14。”又是一个同学接着答。

“4，例如 10。”其他两个同学同时说。

“3，例如 21。”我也想到了。

“没有了。”王有道来了一句结束语。

“很好！”马先生说，“用 6 除剩 2 的数，有什么数可把它除尽吗？”

“2。”我想它用 6 除剩 2，当然是个偶数，可用 2 除得尽。

“那么，除了剩 4 的呢？”

“一样！”我高兴地说。

“除了剩 3 的呢？”

“3！”周学敏快速地说。

“用 6 除了剩 1 或 5 的呢？”

这下我也明白了。5 以上的质数既然不能用 2 和 3 除得尽，当然也不能用 6 除得尽。用 6 去除不是剩 1 便是剩 5，都和 6 的倍数差 1。

马先生又提出一个问题：“5 以上的质数都比 6 的倍数差 1，掉转头来，可不可以这样说：比 6 的倍数差 1 的都是质数？”

“不可以！”王有道说，“例如 25 是 6 的 4 倍多 1，35 是 6 的 6 倍少 1，都不是质数。”

“这就对了！”马先生说，“所以你刚才用不是 2 和 3 的倍数来判定一个数是质数，是不精密的。”

“马先生！”我的疑问始终不能得到解释，趁他还没有继续说下去，我便问:“由作图的方法怎样可以判定一个数是不是质数呢？”

“刚才画的线都是表示质数的倍数的，你们会想到，这不能用来判定质数。但是，如果从画图的过程看，就可明白了。首先画的是表示 2 的倍数的线 $0A$，由它，你们可以看出哪些数不是质数？”

“4, 6, 8……一切偶数。”我答道。

“接着画表示 3 的倍数的线 $0B$ 呢？”

“6, 9, 12……”一个同学说。

“4 不是质数，那就画表示 5 的倍数的线 $0C$。”这一来又得出它的倍数 10, 15……再依此类推，6 已是合数，所以只好画表示 7 的倍数的线 $0D$。接着，8, 9, 10 都是合数，只好画表示 11 的倍数的线 $0E$。照这样做下去，把合数渐渐地淘汰了，所画的线表示的不都是质数的倍数了吗？——这个图，我们不妨叫它质数图。”

“我还是不明白，用这张质数图，怎样判定一个数是否为质数。”我跟着发问。

“这真叫百尺竿头，只差一步了！”马先生很诚恳地说，“你试举一个合数与一个质数出来。”

“15 与 37。”

“从 15 横着看过去，有些什么数的倍数？”

“3 的和 5 的。”

“从 37 横着看过去呢？”

“没有！”我懂了。在质数图上，由一个数横看过去，若有别的数的倍数，它自然是合数；如果一个也没有，它就是质数。不只这样，例如 15，还可知道它的质因数是 3 和 5。最简单的，6 含的质因数是 2 和 3。马先生还说，用这个质数图把一个合数分成质因数也是容易的。其法则是这样的：

例一：将 35 分成质因数的积。

由 35 横看到 D 得它的质因数，有一个是 7，往下看是 5，它已是质数，所以

$$35 = 7 \times 5$$

本来，若是这图的右边没有被截去，7 和 5 都可由图上直接看出来。

例二：将 12 分成质因数的积。

由 12 横看得 Q，表示 3 的 4 倍。4 还是合数，由 4 横看得 R，表示 2 的 2 倍，2 已是质数，所以

$$12 = 3 \times 2 \times 2 = 3 \times 2^2$$

关于质数图的作法，以及用它来判定一个数是否质数，用它将一个合数拆成质因数的积，我们都已明白了。马先生提出求最大公约数的问题，前面说过的既然已明了，这自然是迎刃而解的问题了。

例三：求 12，18 和 24 的最大公约数。

从质数图上（如图 19-3 所示）我们可以看出，24，18 和 12 都有约数 2，3 和 6，它们都是 24，18，12 的公约数，而 6 就是所求的最大公约数。

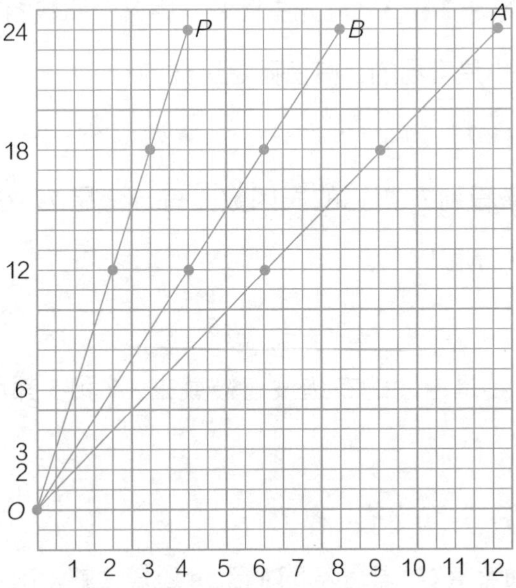

图 19-3　例三图解

“假如不用质数图，怎样由画图法找出这 3 个数的最大公约数呢？”马先生问王有道。王有道一边思索，一边用手指在桌上画来画去，后来他这样回答：

“把最小一个数以下的质数找出来，再画出表示这些质数的倍数的线，从这些线上就可看出各数所含的公共质因数，而它们的乘积就是所求的最大公约数。”

例四：求 6，10 和 15 的最小公倍数。

依照前面各题的解法，本题再容易不过了。OA，OB，OC 相应地表示 6，10，15 的倍数。A、B 和 C 同在 30 的一条横线上，30 便是所求的最小公倍数，如图 19-4 所示。

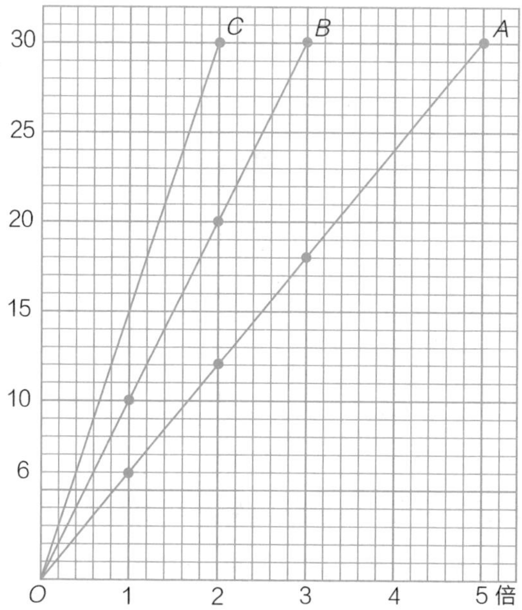

图 19-4　例四图解

例五：某数，3 个 3 个地数，剩 1 个；5 个 5 个地数，剩 2 个；7 个 7 个地数，也剩 1 个，求某数。

马先生写好了这个题，叫我们讨论画图的方法。自然，这不是很难，经过一番讨论，我们就画出图 19-5 来。1*A*，2*B*，1*C* 各线分别表示 3 的倍数多 1，5 的倍数多 2，7 的倍数多 1。而这 3 条线都经过 22 的线，22 即是所求的那个数。——马先生说，这是最小的一个，加上 3，5，7 的公倍数，都合题。——不是吗？22 正是 3 的 7 倍多 1，5 的 4 倍多 2，7 的 3 倍多 1。

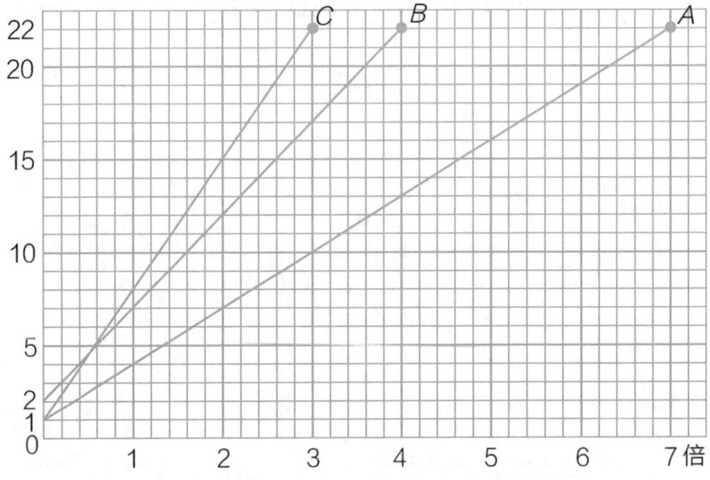

图 19-5　例五图解

“你们用画图的方法找到了答案，但算法是什么呢？”马先生这一问把我们难住了。有人说是求它们的最小公倍数，这当然不对，3，5，7 的最小公倍数是 105 呀！又有人说，从它们的最小公倍数中减去 3，除所余的 1。也有人说减去 5，除所余的 2，自然都不是。从图上仔细看去，也毫无结果。最终只好去求教马先生了。他见大家都束手无策，便开口道：

“这本来是咱们中国的一个老题目，它还有一个别致的名称——韩信点兵。关于它的算法，有诗一首：

三人同行七十稀，五树梅花廿一枝，

七子团圆月正半，除百零五便得知。

你们懂得这诗的意思吗？”

“不懂！不懂！”许多人都说。

于是马先生解释道：

“这也和‘无边落木萧萧下’的谜一样。三人同行七十稀，是说 3 除所得的余数用 70 去乘它。五树梅花廿一枝，是说 5 除所得的余数，用 21 去乘。七子团圆月正半，是说 7 除所得的余数用 15 去乘。除百零五便得知，是说把上面所得的三个数相加，加得的和若大于 105，便把 105 的倍数减去。因此得出来的，就是最小的一个数。好！你们依照这个方法将本题计算一下。”

下面就是计算的式子：

$$1\times 70+2\times 21+1\times 15=70+42+15=127$$
$$127-105=22$$

奇怪！对是对了，但为什么呢？周学敏还遗漏了一个题，

“三三数剩二，五五剩三，七七数剩四”来试，式子如下：

$$2\times70+3\times21+4\times15=140+63+60=263$$
$$263-105\times2=263-210=53$$

53 正是 3 的 17 倍多 2，5 的 10 倍多 3，7 的 7 倍多 4。真奇怪！但是为什么？

对于这个疑问，马先生说，把上面的式子改成下面的形式，就明白了。

（1）$2\times70+3\times21+4\times15=2\times(69+1)+3\times21+4\times15$
$$=2\times23\times3+2\times1+3\times7\times3+4\times5\times3$$
$$=(2\times23+3\times7+4\times5)\times3+2\times1$$

（2）$2\times70+3\times21+4\times15=2\times70+3\times(20+1)+4\times15$
$$=2\times14\times5+3\times4\times5+3\times1+4\times3\times5$$
$$=(2\times14+3\times4+4\times3)\times5+3\times1$$

（3）$2\times70+3\times21+4\times15=2\times70+3\times21+4\times(14+1)$
$$=2\times10\times7+3\times3\times7+4\times2\times7+4\times1$$
$$=(2\times10+3\times3+4\times2)\times7+4\times1$$

“这 3 个式子，可以说是同一个数的 3 种解释：①表明它是 3 的倍数多 2。②表明它是 5 的倍数多 3。③表明它是 7 的倍数多 4。这不正和题目所给的条件相合吗？”马先生说完，王有道似乎已经懂得，但又有点儿怀疑的样子。他犹豫了一阵，向马先生提出这么一个问题：

“用 70 去乘 3 除所得的余数，是因为 70 是 5 和 7 的公倍数，又是 3 的倍数多 1。用 21 去乘 5 除所得的余数，是因为 21 是 3 和 7 的公倍数，又是 5 的倍数多 1。用 15 去乘 7 除所得的余数，是因为15是5和3的倍数，又是7的倍数多1。这些我都明白了。但，这 70，21 和 15 是怎么找出来的呢？”

“这个问题，提得很好！”马先生说，“这类题的要点，就在这里。但，这些数的求法说来话长，你们可以去看开明书店出版的《数学趣味》，里面就有一篇专讲《韩信点兵》的——不过，像本题，3 个除数都很简单，70，21，15 都容易推出来。5 和 7 的最小公倍数是什么？”

“35。”一个同学回答。

“3 除 35，剩多少？”

“2——”另一个同学回答。

“注意！我们所要的是 5 和 7 的公倍数，同时又是 3 的倍数多 1 的一个数。35 当然不是，用 2 去乘它，得 70，既是 5 和 7 的公倍数，又是 3 的倍数多 1。至于 21 和 15 情形也相同。不过 21 已是 3 和 7 的公倍数，又是 5 的倍数多 1；15 已是 5 和 3 的公倍数，又是 7 的倍数多 1，所以用不着再拿什么数去乘它了。”

最后，他还补充了一句：

“我提出这个题的原意，是要你们知道，它的形式虽和求最小公倍数的题相同，实质却是两回事，必须要加以注意。”

二十 话说分数

“分数是什么？”这是马先生今天的第一句话。

“是许多个小单位聚合成的数。”周学敏回答。

“你还可以说得明白点儿吗？”马先生鼓励道。

“例如$\frac{3}{5}$，就是3个$\frac{1}{5}$聚合成的，$\frac{1}{5}$对于1作单位说，是一个小单位。”周学敏解释道。

“好！这也是一种说法，而且是比较实用的。照这种说法，怎样用线段表示分数呢？”马先生问。

“和表示整数一样，不过用表示1的线段的若干分之一做单位罢了。”王有道这样回答以后，马先生叫他在黑板上作出图20-1来。其实，这是以前他们都用过的。

“分数是什么？还有另外的说法没有？”马先生等王有道回到座位坐好以后问。一阵静默，没有人回答。他又问：

“$\frac{4}{2}$是多少？”

“2！”这谁都知道。

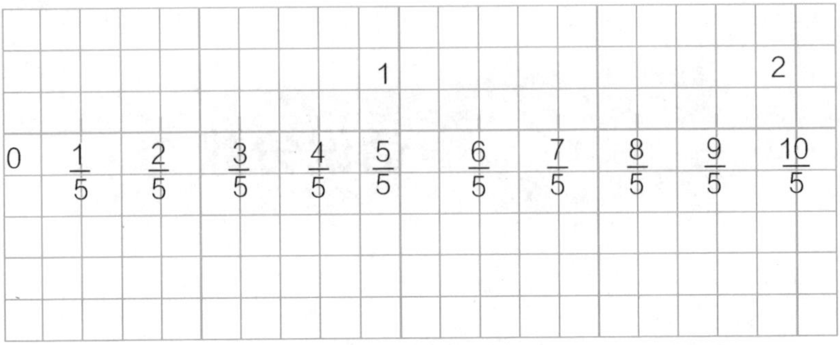

图 20-1 分数的表示法图解

“$\frac{18}{3}$呢？”

“6。”大家一同回答，心里都认为这是不成问题的问题。

“$\frac{1}{2}$呢？”

“0.5。”周学敏回答。

“$\frac{1}{4}$呢？”

“0.25。”还是他回答。

“你们回答的这些数，分数的值，怎么来的？”

“自然是除得来的。”依然是周学敏回答。

“自然！自然！”马先生说，“就顺了这个自然，我说，分数是表示两个数相除而未除所成的数，可不可以？”

“……”想着，当然是可以的，但没有一个人回答。大概他们和我一样，觉得有点儿拿不稳吧，只好由马先生自己回答了。

“自然可以，而且在理论上，更合适。——分子是被除数，分母便是除数。本来，也就是因为两个整数相除，不一定除得干净，在除不尽的场合，如 $13\div5=2\cdots\cdots3$，不但说起来啰唆，用起来更是大大地不方便，急中生智，才造出这个 $\frac{13}{5}$ 来。”

这样一来，变成用两个数合起来表示一个数了。马先生说，就因为这样，分数又有一种用线段表示的方法。他说用横线表示分母，用纵线表示分子，叫我们找 $\frac{1}{2}$、$\frac{2}{4}$、$\frac{3}{6}$ 各点。我们得出了 A_1、A_2 和 A_3，连起来就得直线 OA。他又叫我们找 $\frac{3}{5}$、$\frac{6}{10}$ 两点，连起来得直线 OB。如图 20-2 所示。

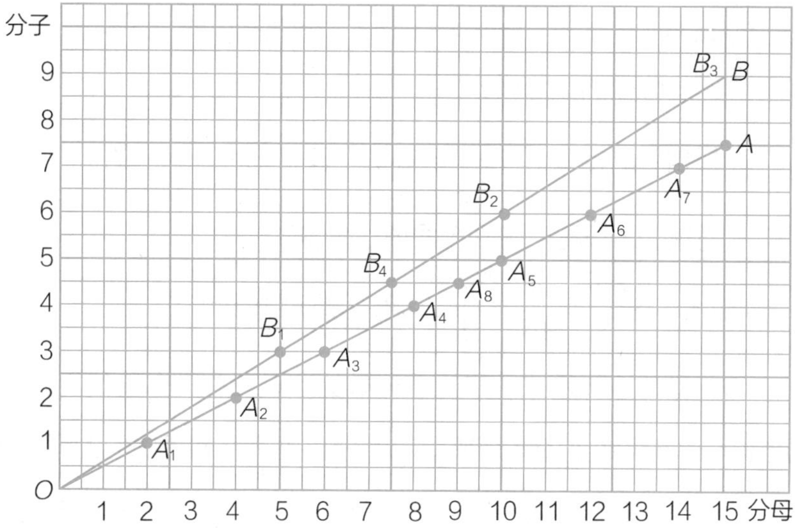

图 20-2 用线段表示分数的方法

“$\frac{1}{2}$、$\frac{2}{4}$和$\frac{3}{6}$的值是一样的吗？”马先生问。

“一样的！”我们回答。

“表$\frac{1}{2}$、$\frac{2}{4}$、$\frac{3}{6}$的各点A_1、A_2、A_3，都在一条直线上，由这线上，还能找出其他分数吗？”大家争着，你一句我一句地回答道：

“$\frac{4}{8}$。”

“$\frac{5}{10}$。”

“$\frac{6}{12}$。”

“$\frac{7}{14}$。”

“这些分数的值怎样？”

“都和$\frac{1}{2}$的相等。”周学敏很快回答，我也是明白的。

“再就 OB 线看，有几个同值的分数？”

“3 个——$\frac{3}{5}$、$\frac{6}{10}$、$\frac{9}{15}$。”几乎是异口同声。

“不错！这样看来，表同值分数的点，都在一条直线上。反过来，一条直线上的各点所指示的分数是不是都是同值的呢？”

“……”我想回答一个“是”字，但找不出理由来，最终没有回答。别人也只是低着头想。

“你们试在线上随便指出一点来试试看。”

“A_8。”我说。

“B_4。”周学敏说。

“A_8 指示的分数是什么？”

“$\dfrac{4\frac{1}{2}}{9}$。”王有道回答。马先生说这是一个繁分数，叫我们将它化简来看。

$$\frac{4\frac{1}{2}}{9}=\frac{\frac{9}{2}}{9}=\frac{9}{2}\times\frac{1}{9}=\frac{1}{2}$$

B_4 所指示的分数，依样“照葫芦画瓢”，我们得出：

$$\frac{4\frac{1}{2}}{7\frac{1}{2}}=\frac{\frac{9}{2}}{\frac{15}{2}}=\frac{9}{15}=\frac{3}{5}$$

“由这样看来，对于前面的问题，我们可不可以回答一个‘是’字呢？”马先生郑重地问。就因为他问得很郑重，所以没有人回答。

“我来一个自问自答吧！”马先生，“可以，也不可以。”惹得大家哄堂大笑。

“不要笑，真是这样。实际上，本是如此，所以你回答一个‘是’字，别人绝不能提出反证来。不过，在理论上，你现在没有给它一个充分的证明，所以你回答一个‘不可以’，也体现了你虚心求稳的品质。——我补充一句，再过一年，你们学完了平面几何，就会给它一个证明了。”

接着，马先生又提醒我们，将这图从左看到右，又从右看到左。先是：$\frac{1}{2}$变成$\frac{2}{4}$、$\frac{3}{6}$、$\frac{4}{8}$、$\frac{5}{10}$、$\frac{6}{12}$、$\frac{7}{14}$；而$\frac{1}{5}$变成$\frac{2}{10}$、$\frac{3}{15}$，它们正好表示扩分的变化，即用同数乘分子和分母。后来，正相反，$\frac{7}{14}$、$\frac{6}{12}$、$\frac{5}{10}$、$\frac{4}{8}$、$\frac{2}{4}$都变成$\frac{1}{2}$；而$\frac{3}{15}$、$\frac{2}{10}$都变成$\frac{1}{5}$。它们恰好表示约分的变化，即用同数除分子和分母。——多么简单、明了且有趣啊！谁说算学是呆板、枯燥、没生趣的呀？

用这种方法表示分数，它的效用就此可叹为观止了吗？不！还有更有趣的呢。

第一，是通分，马先生提出下面的例题。

例一：化$\frac{3}{4}$、$\frac{5}{6}$和$\frac{3}{8}$为同分母的分数。

解决这个问题真是再轻松不过了。我们只依照马先生的吩咐，画出表示这 3 个分数$\frac{3}{4}$、$\frac{5}{6}$和$\frac{3}{8}$的 3 条线——OA、OB和OC，马上就看出来$\frac{3}{4}$扩分可成$\frac{18}{24}$，$\frac{5}{6}$可成$\frac{20}{24}$，而$\frac{3}{8}$可成$\frac{9}{24}$，

正好分母都是 24，真是简单极了。

第二，是比较分数的大小。

就用上面的例子和图，便可说明白。把 3 个分数化成同分母的，因为

$$\frac{20}{24}>\frac{18}{24}>\frac{9}{24}$$

所以知道

$$\frac{5}{6}>\frac{3}{4}>\frac{3}{8}$$

这个结果，图 20-3 显示得非常清楚，*OB* 线高于 *OA* 线，*OA* 线高于 *OC* 线，无论这 3 个分数的分母是否相同，这个事实绝不改变，还用得着通分吗？

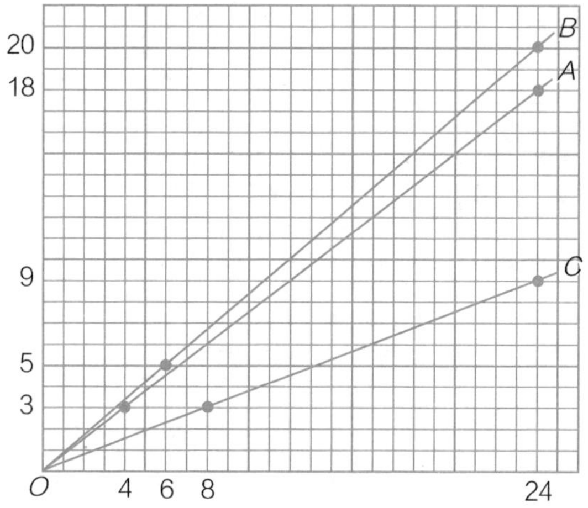

图 20-3　例一图解

照分数的性质说，分子相同的分数，分母越大的值越小。这一点，图上显示得更清楚了。

第三，这是普通算术书上不常见到的，就是求两个分数间，有一定分母的分数。

例二：求 $\frac{5}{8}$ 和 $\frac{7}{18}$ 中间，分母为 14 的分数。

先画表示 $\frac{5}{8}$ 和 $\frac{7}{18}$ 的两条直线 OA 和 OB，由分母 14 这一点往上看，处在 OA 和 OB 间的，分子的数是 6（C_1）、7（C_2）和 8（C_3），如图 20-4 所示。这 3 点所表示的分数是 $\frac{6}{14}$、$\frac{7}{14}$、$\frac{8}{14}$，这便是所求的。

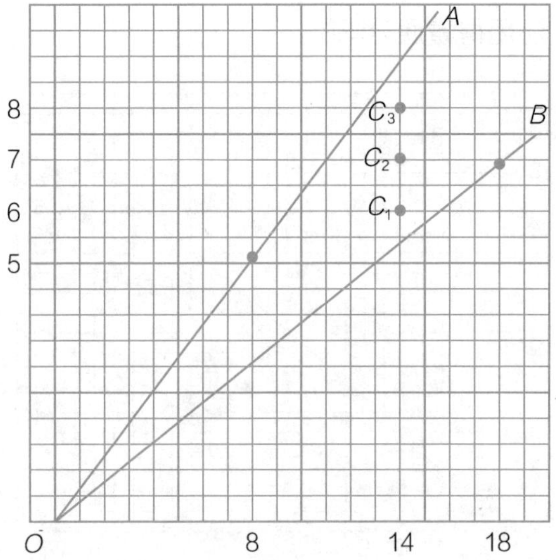

图 20-4　例二图解

不是吗？这多么直截了当啊！马先生叫我们用算术的计算法来解这个问题，以作比较。我们共同讨论了一下，得出一个要点：先通分。通分的结果，8、14 和 18 的最小公倍数是 504，$\frac{5}{8}$ 变成 $\frac{315}{504}$，$\frac{7}{18}$ 变成 $\frac{196}{504}$，所求的分数就在 $\frac{315}{504}$ 和 $\frac{196}{504}$ 中间，分母是 504，分子比 196 大，比 315 小。

“这还不够。”王有道说，“因为题上所要求的，限于 14 作分母。公分母 504 是 14 的 36 倍，分子必须是 36 的倍数，才约得成 14 作分母的分数。”这个意见当然正确，而且也是本题要点之一。依照这个意见，我们找出了 196 和 315 中间，36 的倍数——只有 216（6 倍）、252（7 倍）和 288（8 倍）这 3 个。则可得：

$$\frac{216}{504}=\frac{6}{14},\ \frac{252}{504}=\frac{7}{14},\ \frac{288}{504}=\frac{8}{14}$$

与前面所得的结果完全相同，但步骤却烦琐得多。

马先生还提出一个计算起来比这更烦琐的题目，但由作图法解决，真不过是“举手之劳”。

例三：求分母是 10 和 15 中间各整数的分数，分数的值限于 0.6 和 0.7 中间。

图 20-5 中 *OA* 和 *OB* 两条直线，分别表示 $\frac{6}{10}$ 和 $\frac{7}{10}$。因此所求的各分数，就在它们中间，分母限于 11、12、13 和 14 这 4 个数。由图上一眼就可以看出来，所求的分数只有下面 5 个：

$$\frac{7}{11},\frac{8}{12},\frac{8}{13},\frac{9}{13},\frac{9}{14}$$

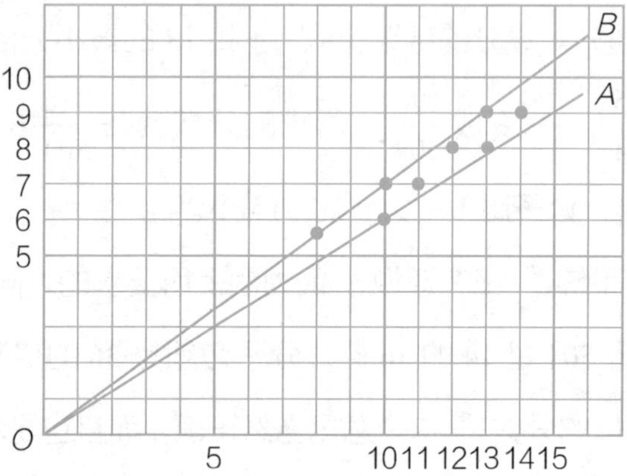

图 20-5　例三图解

第四，分数怎样相加减？

例四：求 $\frac{3}{4}$ 和 $\frac{5}{12}$ 的和与差。

总是要画图的，马先生写完题以后，我就将表示 $\frac{3}{4}$ 和 $\frac{5}{12}$ 的两条直线 OA 和 OB 画好了，如图 20-6 所示。

“异分母分数的加减法，你们都已知道了吧？”马先生问。

“先通分！”周学敏答。

“为什么要通分呢？”

“因为把分数看成许多小单位集合成的，单位不同的数，不能相加减。”周学敏加以说明。

“对的！那么，现在我们怎样在图上将这两个分数相加减呢？”

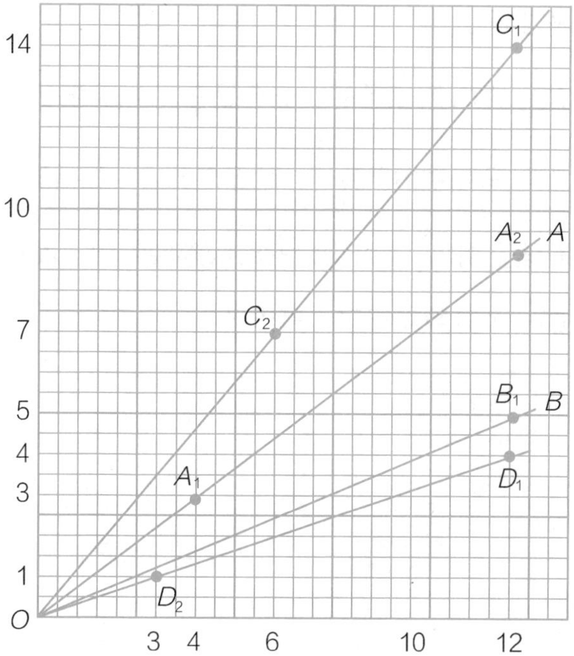

图 20-6　例四图解

“两个分数的最小公分母是 12，通分以后，$\frac{3}{4}$ 变成 $\frac{9}{12}$，A_2 所表示的；$\frac{5}{12}$ 还是 $\frac{5}{12}$，B_1 所表示的。在 12 这条纵线上，从 A_2 起加上 5，得 C_1（A_2C_1 等于 $12B_1$），OC_1 这条线就表示所求的和 $\frac{14}{12}$。”王有道回答。

与求“和”的做法相反，求“差”的做法我也明白了。从 A_2 起向下截去 5，得 D_1，OD_1 这条线就表示所求的差 $\frac{4}{12}$。

“OC_1 和 OD_1 这两条线所表示的分数，最左的一个各是什么？”马先生问。

一个是 $\frac{7}{6}$，C_2 所表示的。一个是 $\frac{1}{3}$，D_2 所表示的。这个说明了什么呢？马先生指示我们，就是在算术中加得的和，如 $\frac{14}{12}$，同着减得的差，如 $\frac{4}{12}$，可约分的时候都要约分。而在这里，只要看最左的一个分数就行了，真便当！

二十一 三态之一——几分之几

马先生说，分数的应用问题，大体看来可分成三大类：

第一，和整数的四则问题一样，不过有些数目是分数罢了。——以前的例子中已有过——即如“大小两数的和是$1\frac{1}{10}$，差是$\frac{2}{5}$，求两数。”——当然，这类题目不用再讲了。

第二，和分数性质有关。这样题目“万变不离其宗”，归根到底不过以下 3 种形态：

（1）知道两个数，求一个数是另一个数的几分之几。

（2）知道一个数，求它的几分之几是什么。

（3）知道一个数的几分之几，求它是什么。

若用 a 表示一个分数的分母，b 表示分子，m 表示它的值，那么：

$$m=\frac{b}{a}$$

（1）是知道 a 和 b，求 m。

（2）是求一个数 n 的 $\frac{b}{a}$ 是多少。

（3）是一个数的 $\frac{b}{a}$ 为 n，求这个数。

第三，单纯是分数自身的变化。如“有一分数，其分母加 1，可约为 $\frac{3}{4}$；分母加 2，可约为 $\frac{2}{3}$，求原数。”

这次，马先生所讲的就是第二类中的（1）。

例一：把一颗骰子连掷 36 次，正好出现 6 次红，再掷 1 次，出现红的概率是多少？

“这个题的意思，是就 36 次中出现 6 次说，看它占几分之几，再用这个数来预测下次的几率。——这种计算，叫概率。”马先生说。

纵线 36 横线 6 的交点是 A，连结 OA，这条线就表示所求的分数 $\frac{6}{36}$。它可以被约分成 $\frac{3}{18}$、$\frac{2}{12}$、$\frac{1}{6}$，和 $\frac{4}{24}$、$\frac{5}{30}$ 都等值，最简的一个就是 $\frac{1}{6}$，如图 21-1 所示。

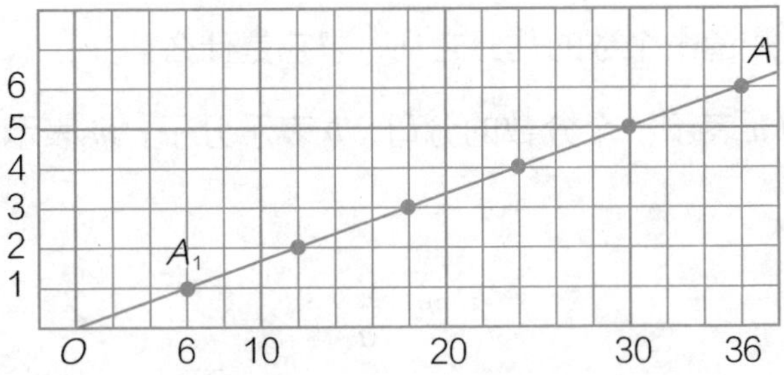

图 21-1　例一图解

例二：3.5 升酒精同 5 升水混合成的酒中，酒精占多少？

本质上，本题和前一题没有什么两样，只分母——横线上——需取 3.5 + 5 = 8.5 这一点。这一点的纵线和 3.5 这点的横线相交于 A。连结 OA，得表示所求的分数的直线，如图 21-2 所示。但直线上，从 A 向左，找不出简分数来。若将它适当延长到 A_1，则得最简分数 $\frac{7}{17}$ 。用算术上的方法计算，便是：

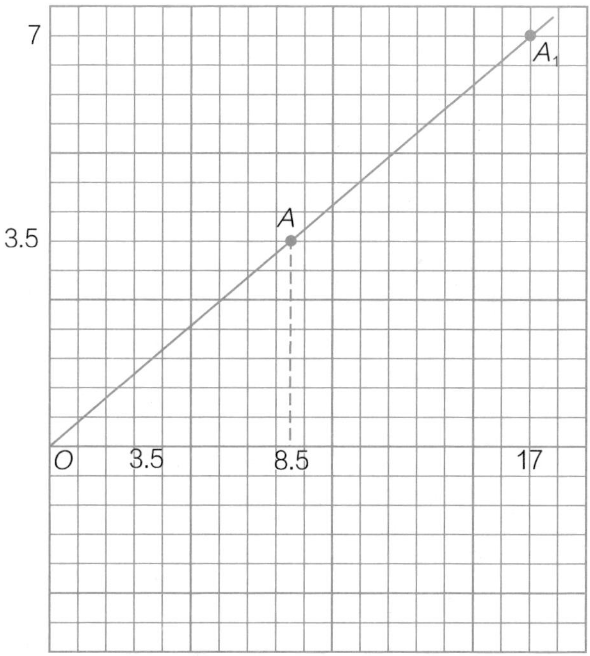

图 21-2　例二图解

$$\frac{3.5}{3.5+5}=\frac{3.5}{8.5}=\frac{35}{85}=\frac{7}{17}$$

二十二　三态之二——求偏

例一：求 35 元的 $\frac{1}{7}$、$\frac{3}{7}$ 各是多少。

“你们觉得这个问题有什么困难吗？”马先生问。

“分母是一个数，分子是一个数，35 元又是一个数，一共 3 个数，怎样画呢？”我感到的困难就在这一点。

“把分数就看成一个数，不是只有两个数了吗？”马先生说，“其实在这里，还可直截了当地看成一个简单的除法和乘法的问题。你们还记得我讲过的除法的画法吗？”

“记得！任意画一条 *OA* 线，从 *O* 起，在外面取等长的若干段……”我还没有说完，马先生就接了下去：

“如图 22-1 所示，假如我们用横线（或纵线）表钱数，就可以用纵线（或横线）当任意直线 *OA*。就本题说，任取一小段作 $\frac{1}{7}$，依次取 $\frac{2}{7}$、$\frac{3}{7}$，直到 $\frac{7}{7}$ 就是 1。——也可以先取一长段作 1，就是 $\frac{7}{7}$，再把它 7 等分。——这样一来，要求 35 元的 $\frac{1}{7}$，怎样做法？”

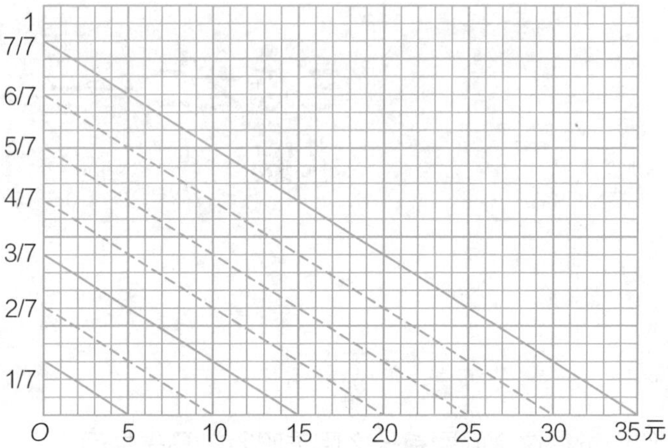

图 22-1　例一图解

“先连结 1 和 35，再过 $\frac{1}{7}$ 画它的平行线，和表示钱数的线交于 5，表明 35 元的 $\frac{1}{7}$ 是 5 元。”周学敏说。

毫无疑问，过 $\frac{3}{7}$ 这一点照样作平行线，就得 35 元的 $\frac{3}{7}$ 是 15 元。若我们过 $\frac{2}{7}$、$\frac{4}{7}$……也作同样的平行线，则 35 元的 $\frac{1}{7}$、$\frac{2}{7}$、$\frac{3}{7}$……都能一目了然了。

马先生进一步指示我们：由本题看来，$\frac{1}{7}$ 是 5 元，$\frac{2}{7}$ 是 10 元，$\frac{3}{7}$ 是15元，$\frac{4}{7}$ 是20元……以至于 $\frac{7}{7}$（全数）是35元。可知，若把 $\frac{1}{7}$ 作单位，$\frac{2}{7}$、$\frac{3}{7}$、$\frac{4}{7}$……相应地就是它的 2 倍、3 倍、4

倍……所以我们若把倍数的意义看得宽一些，分数的问题本源上和倍数的问题没有什么差别。——真的！求 35 元的 2 倍、3 倍……和求它的 $\frac{2}{7}$、$\frac{3}{7}$……都同样用乘法：

35 元 ×2=70 元，35 元 ×3=105 元（倍数）
35 元 × $\frac{2}{7}$ =10 元，35 元 × $\frac{3}{7}$ =15 元（分数）
} 广义的倍数

归结为一句话：知道一个数，要求它的几分之几，和求它的多少倍一样，都是用乘法。

例二：华民有银元 48 元，将 $\frac{1}{4}$ 给他的弟弟；他的弟弟将所得的 $\frac{1}{3}$ 给小妹妹，每个人分别有银元多少？各人所有的是华民原有的几分之几？

本题的面目虽然和前一题略有不同，但追本溯源，却没有什么差别。如图 22-2 所示，*OA* 表示全数（或说整个儿，或说 1，都是一样），*OB* 表示银元 48 元，*OC* 表示 $\frac{1}{4}$。*CD* 平行于 *AB*。*OE* 表示 *OC* 的 $\frac{1}{3}$，*EF* 平行于 *CD*，自然也就平行于 *AB*。

D 表示 12 元，是华民给弟弟的。*OB* 减去 *OD* 剩 36 元，是华民分给弟弟后剩余的。

F 表示 4 元，是华民的弟弟给小妹妹的。*OD* 减去 *OF* 剩 8 元，是华民的弟弟剩余的。

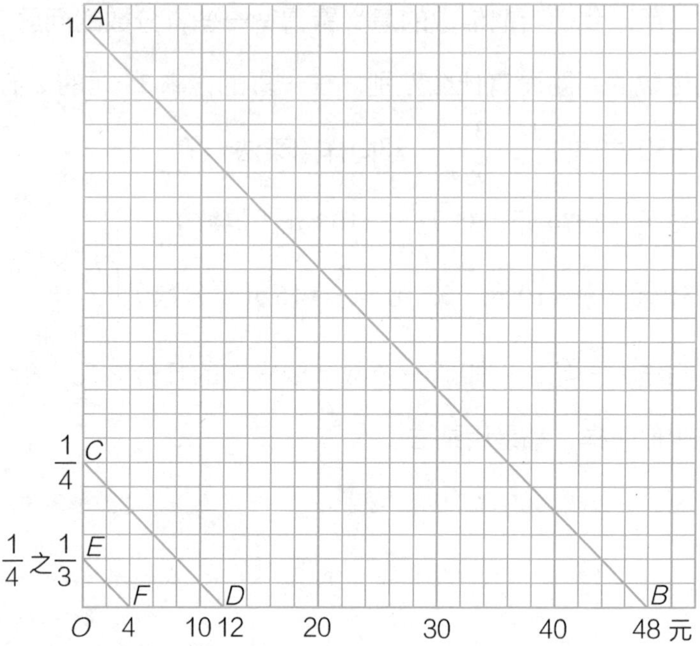

图 22-2　例二图解

他们拥有的银元分别是 36 元、8 元、4 元，合起来正好 48 元。

至于各人所有的与华民原有的对比，依次是 $\frac{3}{4}$、$\frac{2}{12}$（$\frac{1}{6}$）和 $\frac{1}{12}$。

这题的算法是：

48 元 × $\frac{1}{4}$ = 12 元——华民给弟弟的

48 元 - 12 元 = 36 元——华民给弟弟后所有的

12 元 × $\frac{1}{3}$ = 4 元——弟弟给小妹妹的

12 元 - 4 元 = 8 元——弟弟所有的

$1-\frac{1}{4}=\frac{3}{4}$——华民的

$\frac{1}{4}\times\frac{1}{3}=\frac{1}{12}$——小妹妹的

$\frac{1}{4}-\frac{1}{4}\times\frac{1}{3}=\frac{2}{12}=\frac{1}{6}$——弟弟的

例三：甲、乙、丙 3 人分 60 银元，甲得 $\frac{2}{5}$，乙得的等于甲的 $\frac{2}{3}$，3 人各得多少？

“这个题和前面两个有什么不同？”马先生问。

“一样，不过多转了一个弯儿。”王有道答。

“这种看法是对的。”马先生叫王有道将图画出来，并加以说明。

“*AB*、*CD*、*EF* 这 3 条线的画法，和以前的一样。”王有道一面画一面说，“从 *C* 向上取 *CH* 等于 *OE*。画 *HK* 平行于 *AB*。*D* 表示甲得 24 元，*OF* 表示乙得 16 元。*OK* 表示甲、乙共得 40。*KB* 表示丙得 20 元，如图 22-3 所示。”

王有道已说得很明白了，马先生叫我将计算法写出来，这还有什么难的呢？

60 元 × $\frac{2}{5}$ =24 元（*OD*）——甲得的

24 元 × $\frac{2}{3}$ =16 元（*OF*）——乙得的

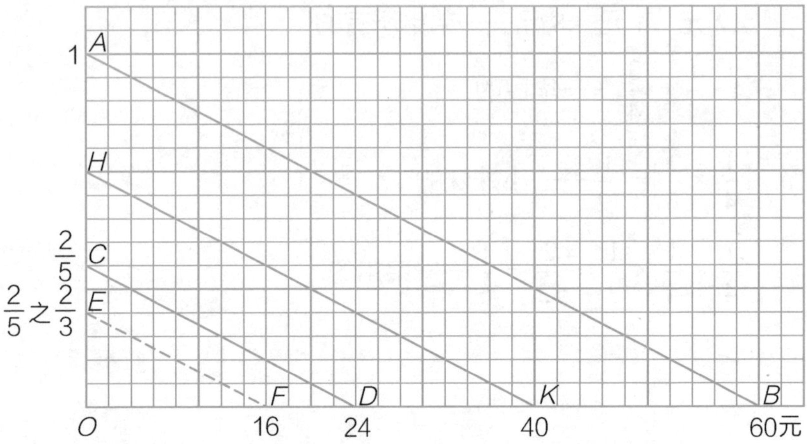

图 22-3　例三图解

60 元 -（24 元 +16 元）= 60 元 - 40 元 = 20 元——丙得的

⋮　⋮　⋮　⋮　⋮　⋮

OB　*OD*　*DK*　*OB*　*OK*　*KB*

例四：某人存 90 银元，每次取余存的 $\frac{1}{3}$，连取 3 次，每次取出多少？还剩多少？

这个问题，参照前面的来，当然很简单。大概也是因为如此，马先生才留给我们自己做。我只将图 22-4 画在这里，作为参考。其实只是一个连分数的问题。——*D* 表示第一次取 30 元，*F* 表示第二次取 20 元，*H* 表示第三次取 $13\frac{1}{3}$ 元。所剩的是 *HB*，即 $26\frac{2}{3}$ 元。

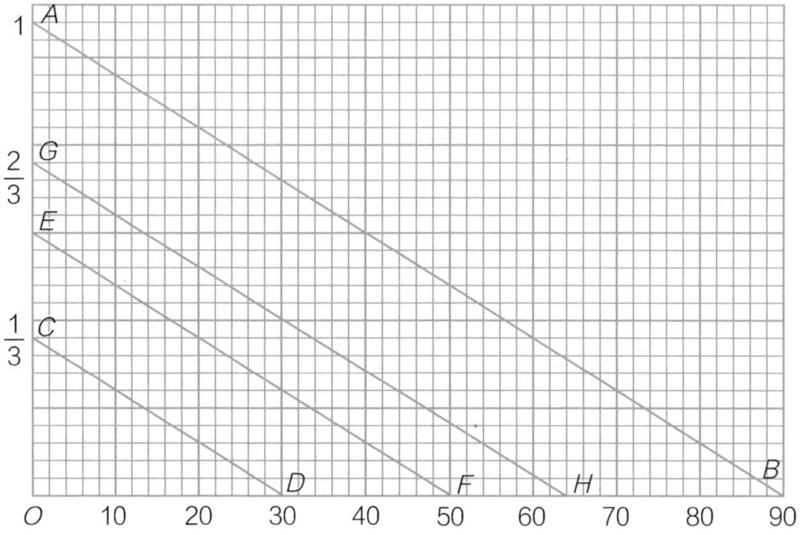

图 22-4　例四图解

二十三　三态之三——求全

例一：什么数的$\frac{3}{4}$是 12？

“这是知道了某数的部分，要求它的整个儿，和前一种正相反。所以它的画法，不用说，与前一种方法反其道而行就可以了。”马先生说。

“横线表示数，这不用说，纵线表分数，$\frac{3}{4}$怎样画法？”

“先任取一长段作 1，再将它 4 等分，就可得$\frac{1}{4}$、$\frac{2}{4}$、$\frac{3}{4}$各点。”一个同学说。

“这样的办法，对是对，不过不便捷。”马先生批评道。

“先任取一小段作$\frac{1}{4}$，再连续次第取等长表示$\frac{2}{4}$、$\frac{3}{4}$、…”周学敏建议。

“这就比较便当了。”说完，马先生在$\frac{3}{4}$的那一点标一个 A，在 12 那点标一个 B，又在 1 那点标一个 C，“这样一来，怎样画呢？”

“先连结 AB，再过 C 作它的平行线 CD，如图 23-1 所示。D 点表示 16——它的 $\frac{1}{4}$ 是 4，它的 $\frac{3}{4}$ 正好是 12，——就是所求的数。”

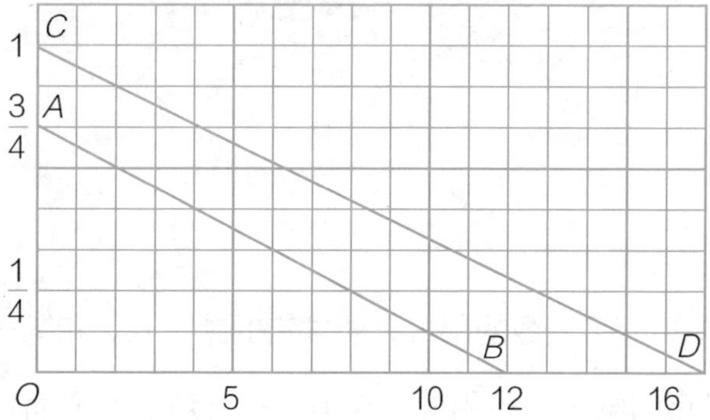

图 23-1　例一图解

依照求偏的样儿，把“倍数”的意义看得广泛一点，这类题的计算法正和知道某数的倍数求某数一般无异，都应当用除法。例如，某数的 5 倍是 105，则:

$$\text{某数} = 105 \div 5 = 21$$

而本题，某数的 $\frac{3}{4}$ 是 12，所以:

$$\text{某数} = 12 \div \frac{3}{4} = 12 \times \frac{4}{3} = 16$$

例二：某数的 $2\frac{1}{3}$ 是 21，某数是多少？

本题和前一题可以说完全相同，由它更可看出“知偏求全”

与知道倍数求原数一样。

图 23-2 中 AB 和 CD 两条直线的画法与前题相同，D 表示某数是 9——它的 2 倍是 18，它的 $\frac{1}{3}$ 是 3，它的 $2\frac{1}{3}$ 正好是 21。这题的计算方法是这样的：

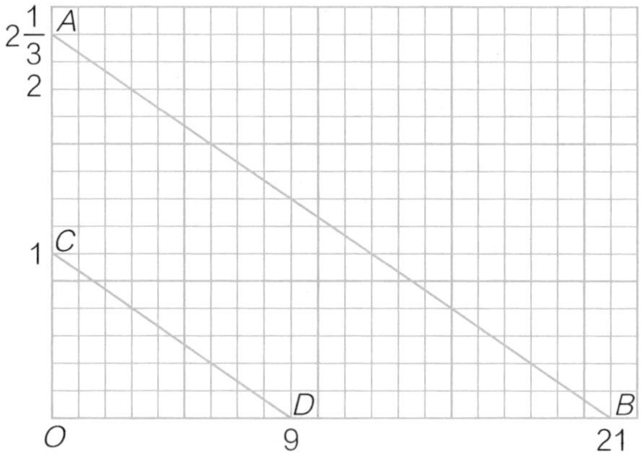

图 23-2　例二图解

$$21 \div 2\frac{1}{3} = 21 \div \frac{7}{3} = 21 \times \frac{3}{7} = 9。$$

例三：哪个数的 $\frac{1}{2}$ 与 $\frac{1}{3}$ 的和是 15？

“本题的要点是什么？”马先生问。

“先看某数的 $\frac{1}{2}$ 与它的 $\frac{1}{3}$ 的和，是它的几分之几。”王有道回答。

图 23-3 是周学敏画的。先取 OA 作为 1，取它的 $\frac{1}{2}$ OB 和

$\frac{1}{3}$ OC。再把 OC 加到 OB 上得 *OD*，*BD* 自然是 *OA* 的 $\frac{1}{3}$ 。所以 *OD* 就是 *OA* 的 $\frac{1}{2}$ 与 $\frac{1}{3}$ 的和。

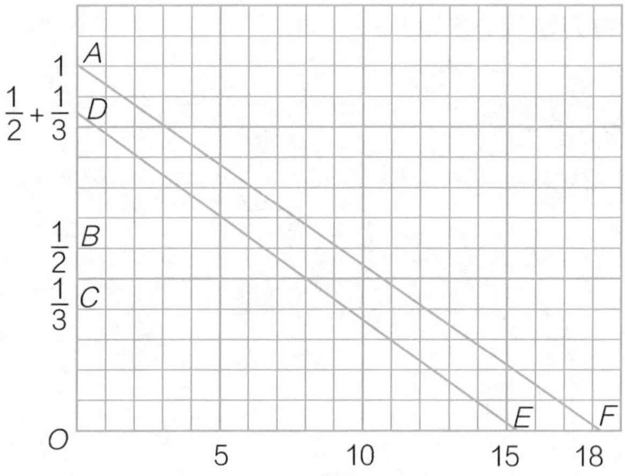

图 23-3　例三图解

连结 *DE*，作 *AF* 平行于 *DE*，*F* 指明这个数是 18。

计算方法:

$$
\underset{OE}{15} \div \left(\underset{OB}{\frac{1}{2}} + \underset{OC(BD)}{\frac{1}{3}}\right) = 15 \div \underset{OD}{\frac{5}{6}} = 15 \times \frac{6}{5} = \underset{OF}{18}
$$

例四：哪个数的 $\frac{2}{7}$ 与 $\frac{1}{5}$ 的差是 6？

和前题相比较，只是“和”换成“差”这一点不同。所以它的画法是从 *OB* 减去 *OC*，得 *OD*，表示 $\frac{2}{7}$ 和 $\frac{1}{5}$ 的差，如

图 23-4 所示。F 表明所求的数是 70。

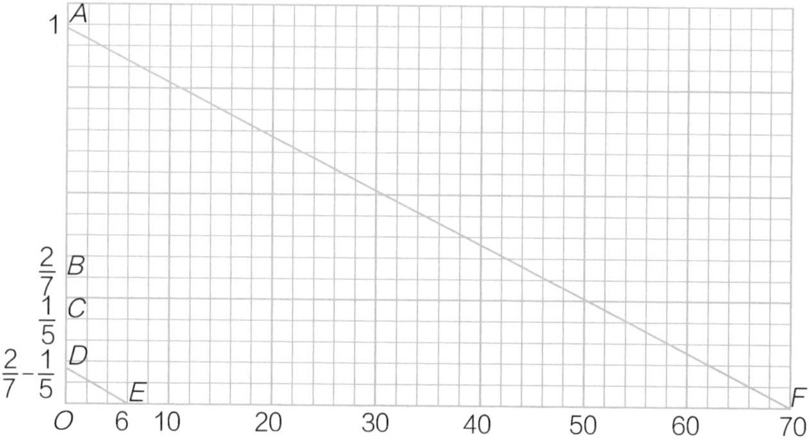

图 23-4　例四图解

计算方法：

$$6 \div \left(\frac{2}{7} - \frac{1}{5}\right) = 6 \div \frac{3}{35} = 6 \times \frac{35}{3} = 70$$

$$\begin{matrix} \vdots & \vdots & \vdots & \vdots & \vdots \\ OE & OB & OC(BD) & OD & OF \end{matrix}$$

例五：大小两数的和是 21，小数是大数的 $\frac{3}{4}$，求两数。

就广义的倍数说，这个题和第四节的例二完全一样。照图 4-2 的画法，可得图 23-5。若照前例的画法，把大数看成 1，小数就是 $\frac{3}{4}$，可得图 23-6。两相比较，真是殊途同归了。

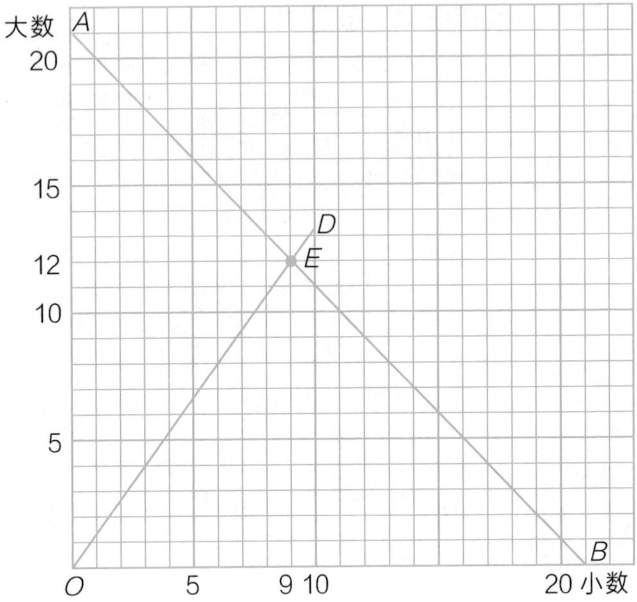

图 23-5　例五图解（一）

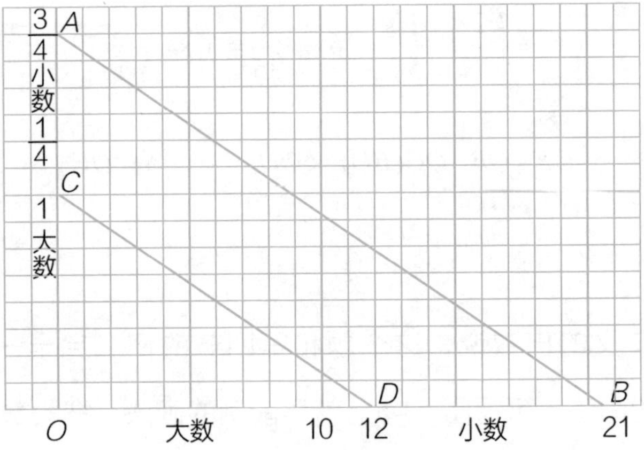

图 23-6　例五图解（二）

至于计算方法，更不用说，只有一个。

$$21 \div \left(1 + \frac{3}{4}\right) = 21 \div \frac{7}{4} = 21 \times \frac{4}{7} = 12$$

⋮ 　⋮ 　⋮ 　　　　　　⋮

⋮ 大数 OC 小数 CA 　　　　大数 OD

和 OB └ OA ┘

⋮

大数的 $1\frac{3}{4}$ 倍

21 − 12 = 9

⋮ 　⋮ 　⋮

和 OB 　大数 OD 　小数 DB

例六：大小两数的差是 4，大数恰是小数的 $\frac{4}{3}$，求两数。

这题和第 4 节的例二内容完全相同，图 23-7 就是依图 4-3 画的。图 23-8 的画法和图 23-6 相仿，不过是将小数看成 1，得 OA。取 OA 的 $\frac{1}{3}$ 得 OB，将 OB 的长加到 OA 上得 OC。它是 OA 的 $\frac{4}{3}$，即大数。D 点表示 4，连结 BD。作 AE、CF 与 BD 平行。E 表示小数 12，F 表示大数 16。

计算方法是这样：

$$4 \div \left(\frac{4}{3} - 1\right) = 4 \div \frac{1}{3} = 12$$

⋮ 　⋮ 　⋮ 　⋮ 　⋮

差 OD 　大数 OC 　小数 $OA(CB)$ 　OB 　小数 OE

12 + 4 = 16

⋮　　　⋮

差 $OD(EF)$　　大数 OF

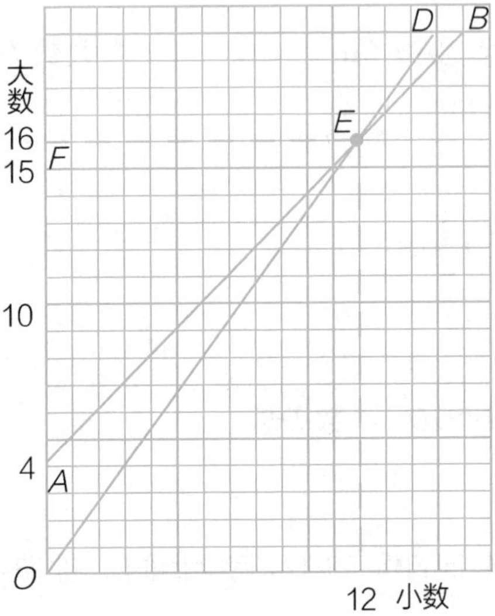

图 23-7　例六图解（一）

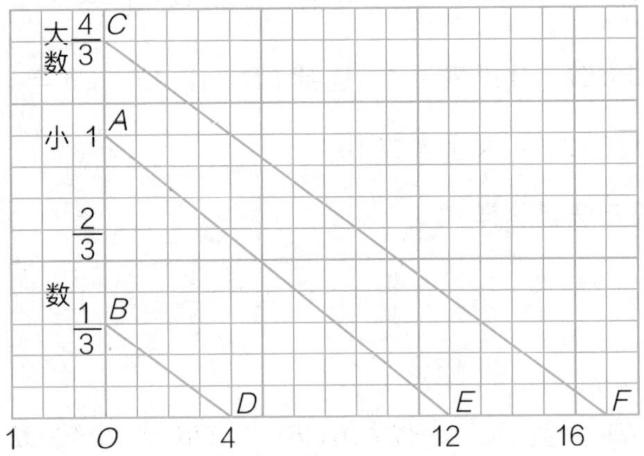

图 23-8　例六图解（二）

例七：某人用去存款的$\frac{1}{3}$，后又用去所余的$\frac{1}{5}$，还有存款16元，他原来的存款是多少？

“这题的图，第一步，可先取一长段 OA 作为 1，然后减去它的$\frac{1}{3}$。怎样减法？”马先生问。

“把 OA 三等分，从 A 向下取 AB 等于 OA 的$\frac{1}{3}$，OB 就表示所剩的。”我回答。

“不错！第二步呢？”

“从 B 向下取 BC 等于 OB 的$\frac{1}{5}$，OC 就表示第二次取后所剩的。”周学敏回答。

“对！ OC 就和 OD 所表示的 16 元相等了。你们各自把图作完吧！”马先生吩咐。

自然，这又是老法子：连结 CD，作 BE、AF 和它平行。OF 所表示的 30 元就是原来的存款。由图 23-9 还可看出，第一次用了 10 元，第二次用了 4 元。看了图后计算方法自然可以得出：

$$\underset{OD}{16\text{元}} \div \left[\underset{OA}{1}-\underset{AB}{\frac{1}{3}}-\underset{OB}{\left(1-\frac{1}{3}\right)}\times\frac{1}{5}\right] = 16\text{元} \div \underset{OC}{\frac{8}{15}} = \underset{OF}{30\text{元}}$$

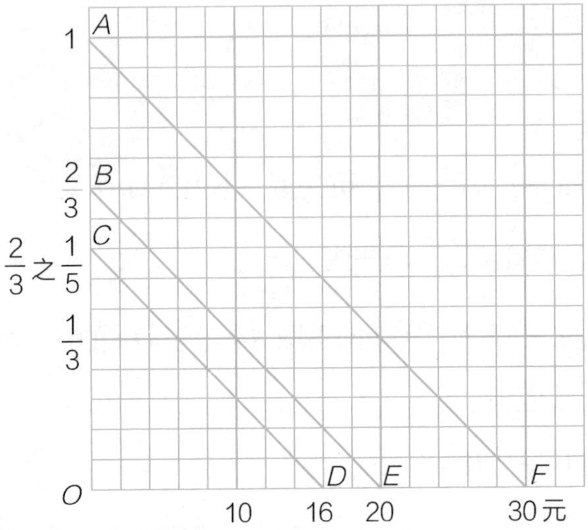

图 23-9　例七图解

例八：有一桶水，漏去$\frac{1}{3}$，汲出 2 斗，还剩半桶，这桶水原来是多少？

“这个题，画起图来，不是很顺畅，你们能把它的顺序更改一下吗？”马先生问。

“题上说，最后剩的是半桶，由此可见漏去和汲出的也是半桶，先就这半桶来画图好了。”王有道建议。

“这个办法很不错，虽然看似题目已发生改变，但实质上却是一样的。”马先生说，“那么，画法呢？”

“如图 23-10，先任取 *OA* 作为 1。截去一半 *AB*，得 *OB*，也是一半。三等分 *AO* 得 *AC*。从 *BO* 截去 *AC* 得 *D*，*OD* 相当于

汲出的水 2 斗……”王有道说到这里，我已知道下面该如何画了：连结 DE，作 AF 和它平行。F 表示这桶水原来是 12 斗——先漏去 $\frac{1}{3}$ 是 4 斗，后汲去 2 斗，只剩 6 斗，恰好半桶。

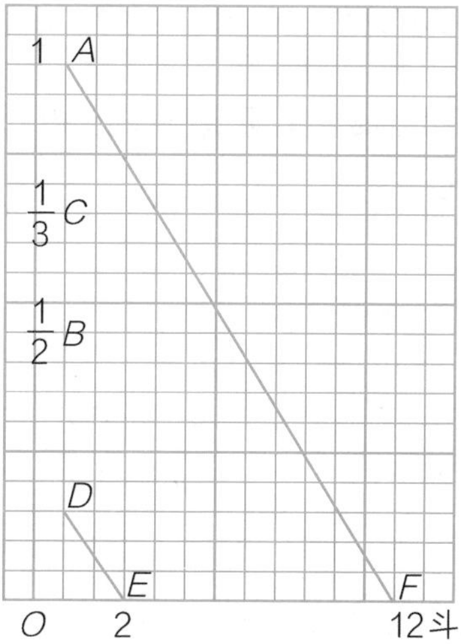

图 23-10　例八图解

算法是：

$$2\text{斗} \div \left(1-\frac{1}{2}-\frac{1}{3}\right) = 2\text{斗} \div \frac{1}{6} = 12\text{斗}。$$

⋮　⋮　⋮　⋮　⋮　⋮

OE　OA BA $BD(AC)$　OD　OF

例九：有一段绳，剪去 9 尺，余下的部分比全长的 $\frac{3}{4}$ 还短 3 尺，求这绳原长多少？

这个题有个小弯子在里面，马先生这样提示我们：“少剪去

3 尺，怎样？”我一听便明白画法了。

如图 23-11，*OB* 表示剪去的 9 尺。BC 是 3 尺。若少剪 3 尺，则剪去的便只是 *OC*。从 *C* 往右正是全长的 $\frac{3}{4}$。*OA* 表示 1，*AD* 是 *OA* 的 $\frac{3}{4}$。连结 *DC*，作 *AE* 和它平行。*E* 表明这绳原来的长度是 24 尺。它的 $\frac{3}{4}$ 是 18 尺。它被剪去了 9 尺，只剩 15 尺，比 18 尺恰好少 3 尺。

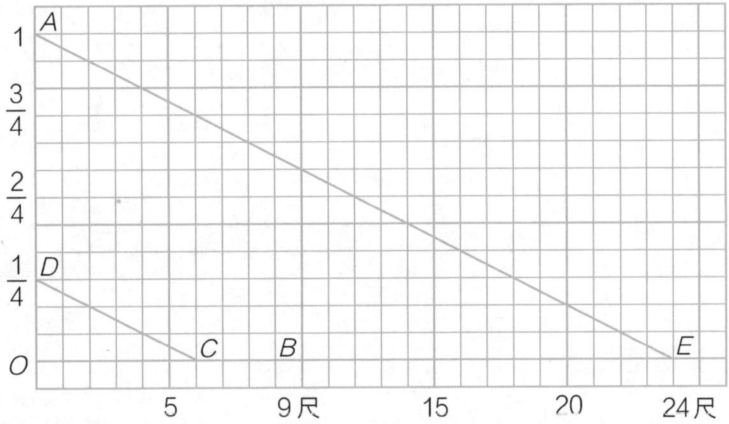

图 23-11　例九图解

算法也就很明白了：

$$(9\text{ 尺}-3\text{ 尺})\div\left(1-\frac{3}{4}\right)=6\text{ 尺}\div\frac{1}{4}=24\text{ 尺}。$$

⋮　⋮　⋮ ⋮　⋮　⋮

OB　*CB*　*OA DA*　*OC*　*OD*

例十：夏竹君提取存款的 $\frac{2}{5}$，后又存入 200 元，恰好是原存款的 $\frac{2}{3}$，求原来的存款是多少？

从开始讲分数的应用问题起，直到前一个例题，我都没有感到困难，这个题我却有点儿应付不了。马先生似乎已看出我们有大半人无从下手，于是他说：

“你们先不要对着题去闷想，还是动动手比较好。”但是怎样动手呢？题目所说的，看不出一点儿关联。

“先作表示 1 的 OA，再作表示 $\frac{2}{5}$ 的 AB，然后作表示 $\frac{2}{3}$ 的 OC。”马先生好像体育老师喊口令一样。

“夏竹君提取存款的 $\frac{2}{5}$，剩的是什么？”他问。

“$\frac{3}{5}$。”周学敏回答。

“不，我问的是图上的线段。”马先生说。

“OB。”周学敏没有回答，我回答出来。

“存入 200 元后，存的有多少？”

“OC。”我接着回答。

“那么，和这存入的 200 元相当的是什么？”

“BC。”周学敏抢着说。

“这样一来，图会画了吧？”

我仔细想了一阵，又看看前面的几个图，都是把和实在的数目相当的分数放在最下面——这大概是一点小小的秘诀——我就取 *OD* 等于 *BC*，连结 *DE*，作 *AF* 平行于它，如图 23-12 所示。*F* 指的是 3000 元，这个数使我有点儿怀疑，好像太大了。我就验证了一下，3000 元的 $\frac{2}{5}$ 是 1200 元，提取后还剩 1800 元。加入 200 元是 2000 元，这不是 3000 元的 $\frac{2}{3}$ 是什么？方法对了，做得仔细，结果总是对的，为什么要怀疑？

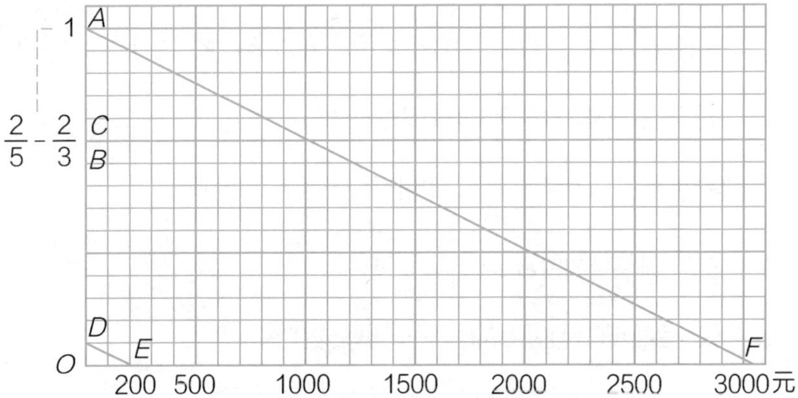

图 23-12　例十图解

这个画法，已把计算法明明白白地告诉我们了：

$$200\text{元}\div\left[\frac{2}{3}-\left(1-\frac{2}{5}\right)\right]=200\text{元}\div\left[\frac{2}{3}-\frac{3}{5}\right]=200\text{元}\div\frac{1}{15}=3000\text{元}$$

⋮　⋮　⋮ ⋮　⋮　⋮　⋮

OE　*OC*　*OA* *BA*　*OB*　*OD*(*BC*)　*OF*

例十一：把 36 分成甲、乙、丙三部分，甲的 $\frac{1}{2}$ 和乙的 $\frac{1}{3}$、丙的 $\frac{1}{4}$ 都相等，求各数。

对于马先生的指导，我真要铭感五内了。这个题放在平常，我一定没有办法解答，现在遵照马先生前一题的提示“先不要对着题闷想，还是动动手的好”动起手来。

如图 23-13 所示，先取一小段作甲的 $\frac{1}{2}$，取两段得 OA，这就是甲的 1。题目上说乙的 $\frac{1}{3}$ 和甲的 $\frac{1}{2}$ 相等，我就连续取同样的 3 小段，每一段作乙的 $\frac{1}{3}$，得 AB，这就是乙的 1。再取同样的 4 小段，每一段作丙的 $\frac{1}{4}$，得 BC，这就是丙的 1。

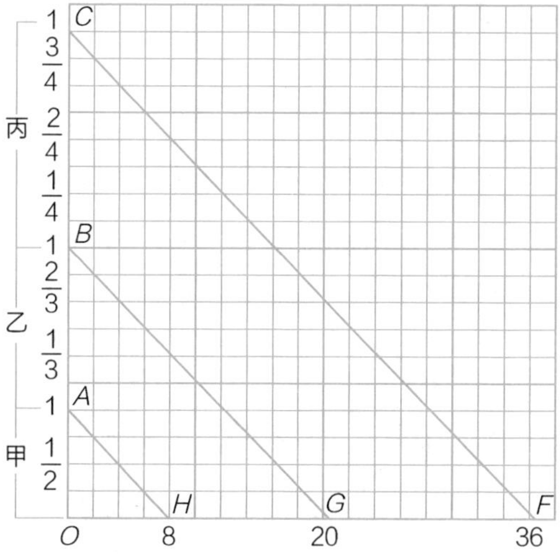

图 23-13　例十一图解

连结 CF，作它的平行线 BG 和 AH。OH、HG 和 GF 各表示 8、12、16，就是所求的甲、乙、丙 3 个数。8 的 $\frac{1}{2}$、12 的 $\frac{1}{3}$、16 的 $\frac{1}{4}$ 都等于 4。

至于算法我倒想着不妨别致一点儿:

$$36 \div \left(\frac{1}{2}\times 2+\frac{1}{2}\times 3+\frac{1}{2}\times 4\right)=36 \div \frac{9}{2}=8$$

⋮ ⋮ ⋮ ⋮ ⋮ ⋮

OF OA AB BC OC OH(甲)

$$\underbrace{8 \times \frac{1}{2}}\times 3 = 12$$

甲的 $\frac{1}{3}$，乙的 $\frac{1}{3}$ ⋮

HG(乙)

$$\underbrace{8 \times \frac{1}{2}}\times = 16$$

甲的 $\frac{1}{2}$，丙的 $\frac{1}{4}$ ⋮

GF(丙)

例十二：490 元分给赵、钱、孙、李四个人。赵比钱的 $\frac{2}{3}$ 少 30 元，孙等于赵、钱的和，李比孙的 $\frac{2}{3}$ 少 30 元，每人各得多少?

“这个题有点儿麻烦了，是不是? 人有 4 个，条件又多。你们坐了这一阵，也有点儿疲倦了，我来讲个故事给你们解解闷，好不好? ”听到马先生要讲故事，大家的精神都为之一振。

“话说——”马先生一开口，惹得大家都笑了起来，“从前有一个老头子，他有 3 个儿子和 17 头牛。有一天，他病了，觉得大限快要到了（因为他已经 90 多岁了），就叫他的 3 个儿子到面前来，吩咐他们：

‘我的牛，你们三兄弟分，照我的说法去分，不许争吵：老大得 $\frac{1}{2}$，老二得 $\frac{1}{3}$，老三得 $\frac{1}{9}$。’

“不久后老头子死了。他的 3 个儿子把后事料理好以后，就牵出 17 头牛来，按照他的要求分。老大分 $\frac{1}{2}$，就只能得 8 头活的和半头死的。老二分 $\frac{1}{3}$，就只能得 5 头活的和 $\frac{2}{3}$ 头死的。老三分 $\frac{1}{9}$，只能得 1 头活的和 $\frac{8}{9}$ 头死的。虽然他们没有争吵，但却不知道怎么分才合适，谁都不愿要死牛。

“后来他们一同去请教隔壁的李太公，因为李太公向来很公平，他们很佩服。他们把情况告诉了李太公，李太公笑眯眯地牵了自己的一头牛，说：

‘你们分不好，我送你们 1 头，再分好了。’

“于是有了 18 头牛：老大分 $\frac{1}{2}$，牵去 9 头；老二分 $\frac{1}{3}$，牵去 6 头；老三分 $\frac{1}{9}$，牵去 2 头。各人都高高兴兴地离开，李太公的一头牛他仍旧牵了回去。”

“这叫李太公分牛。”马先生说完，大家又用笑声来回应他。他接着说：

“你们听了这个故事，学到点儿什么没有？”

“……”没有人回答。

“你们无妨学学李太公，做个空头人情，来替赵、钱、孙、李这4家分这笔账！”原来，他说李太公分牛的故事，是在提示我们，解决这个题，必须虚加些钱进去。这钱怎样加进去呢？

第一步，我想到了，赵比钱的$\frac{2}{3}$少30元，若加30元给赵，则他得的就是钱的$\frac{2}{3}$。

不过，这么一来，孙比赵、钱的和又差了30元。好，又加30元给孙，使他所得的还是等于赵、钱的和。

再往下看去，又来了，李比孙的$\frac{2}{3}$已不只少30元。孙既然多得了30元，他的$\frac{2}{3}$就多得了20元。李比他所得的$\frac{2}{3}$，先少30元，现在又少20元，这两笔钱不用说也得加进去。

虚加进这几笔钱后，赵是钱的$\frac{2}{3}$，孙是赵、钱的和，而李是孙的$\frac{2}{3}$，他们彼此间的关系就简明多了。

然后就可以作出图23-14来。

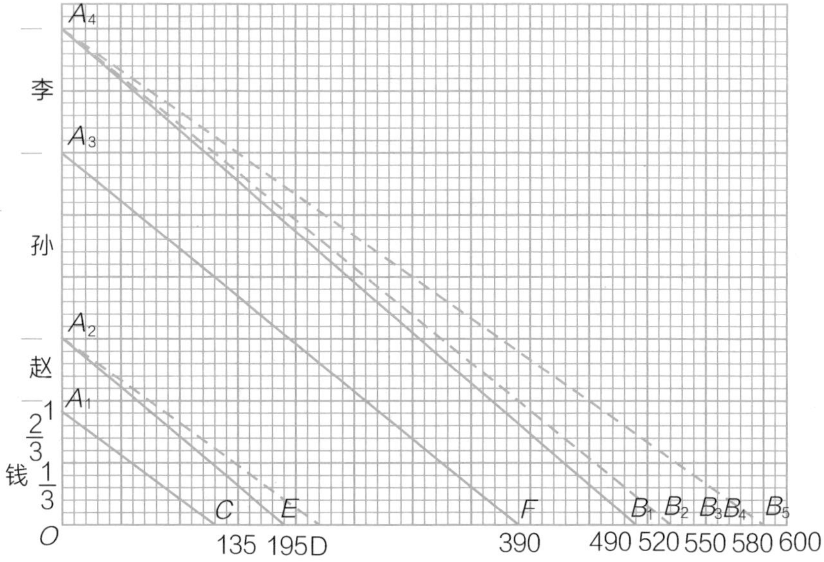

图 23-14　例十二图解

先取 OA_1 作为钱的 1。次取 A_1A_2 等于 OA_1 的 $\frac{2}{3}$，作为赵的。再取 A_2A_3 等于 OA_2，作为孙的。又取 A_3A_4 等于 A_2A_3 的 $\frac{2}{3}$，作为李的。

在横线上，取 OB_1 表示 490 元。B_1B_2 表示添给赵的 30 元。B_2B_3 表示添给孙的 30 元。B_3B_4 和 B_4B_5 表示添给李的 30 元和 20 元。

连结 A_4B_5，作 A_1C 和它平行，C 表示 135 元，是钱所得的。

作 A_2D 平行于 A_1C，由 D 减去 30 元，得 E。CE 表示 60 元，是赵所得的。

作 A_3F 平行于 A_2E，EF 表示 195 元，是孙所得的。

作 A_4B_2 平行于 A_3F，由 B_2 减去 30 元，正好得到表示 490 元的 B_1。FB_1 表示 100 元，是李所得的。

至于计算的方法，已显示得非常清楚：

[490 元 + 30 元 + 30 元 + (30 元 + 20 元)] ÷

⋮ ⋮ ⋮ ⋮ ⋮

OB_1 B_1B_2 B_2B_3 B_3B_4 B_4B_5

$$\left[1+\frac{2}{3}+\left(1+\frac{2}{3}\right)+\left(1+\frac{2}{3}\right)\times\frac{2}{3}\right]$$

⋮ ⋮ ⋮ ⋮

OA_1 A_1A_2 A_2A_3 A_3A_4

$= 600$ 元 $\div \dfrac{40}{9} =135$ 元——钱所得的

⋮ ⋮ ⋮

OB_5 OA_4 OC

135 元 $\times \dfrac{2}{3}$ − 30 元 =90 元 − 30 元 = 60 元——赵所得的

⋮ ⋮ ⋮

CD ED CE

135 元 + 60 元 = 195 元——孙所得的

⋮ ⋮ ⋮

OC CE $OE(EF)$

195 元 $\times \dfrac{2}{3}$ − 30 元 = 100 元——李所得的

⋮ ⋮ ⋮

FB_2 B_1B_2 FB_1

例十三：某人将他所有的存款分给他的 3 个儿子，幼子得 $\frac{1}{9}$，次子得 $\frac{1}{4}$，余下的归长子所得。长子比幼子多得 38 元。这人的存款是多少？三子各得多少？

这题是一个同学提出来的，其实和例九只是面目不同罢了。马先生很仔细地给他讲解，我只将图的画法记在这里。

如图 23-15 所示，取 OA 表示某人的存款 1。从 A 起截去 OA 的 $\frac{1}{4}$ 得 A_1，AA_1 表示次子得的。从 A_1 起截去 OA 的 $\frac{1}{9}$ 得 A_2，A_1A_2 表示幼子得的。自然 A_2O 就是长子所得的了。从 A_2 截去 A_1A_2（$\frac{1}{9}$）得 A_3，A_3O 表示长子比幼子多得的，相当于 38 元（OB_1）。

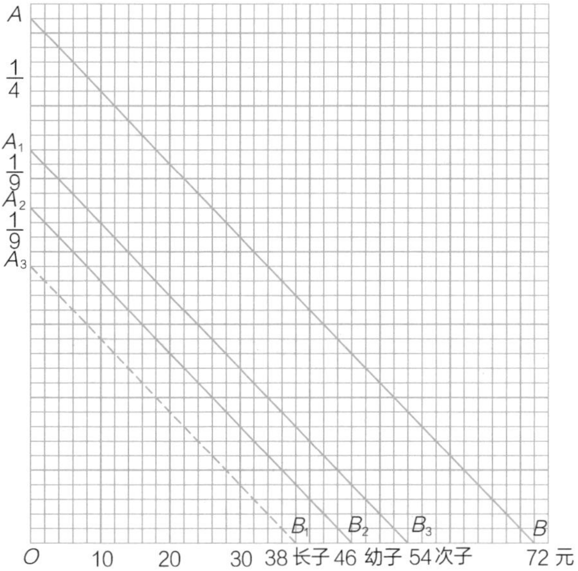

图 23-15 例十三图解

连结 A_3B_1，作 A_2B_2、A_1B_3 和 AB 平行于 A_3B_1，某人的存款是 72 元，长子得 46 元，次子得 18 元，幼子得 8 元。

例十四：弟弟的年龄比哥哥小 3 岁，而且是哥哥的 $\frac{5}{6}$，求兄弟二人的年龄。

这题和例六在算理上完全一样。我只把图 23-16 画在这里，并且将算式写出来。

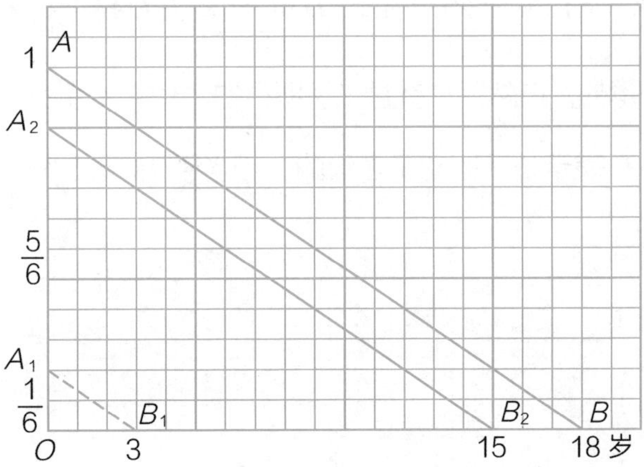

图 23-16　例十四图解

$$3\text{岁} \div \left(1-\frac{5}{6}\right) = 3\text{岁} \div \frac{1}{6} = 18\text{岁}\text{——哥哥的年龄}$$

OB_1　OA　A_1A　OA_1　OB

$$18\text{岁} - 3\text{岁} = 15\text{岁}\text{——弟弟的年龄}$$

OB　$OB_1(B_2B)$　OB_2

例十五：某人 4 年前的年龄是 8 年后的 $\frac{3}{7}$，求此人现在的年龄。

要点！要点！马先生写好了题，就叫我们找它的要点。我仔细揣摩一番，觉得题上所给的是某人 4 年前和 8 年后两个年龄的关系。先从这点下手，自然直接一些。周学敏和我的意见相同，他向马先生陈述，马先生也认为对。由这要点，我得出下面的作图法。

如图 23-17 所示，取 OA 表示某人 8 年后的年龄 1。从 A 截去它的 $\frac{3}{7}$，得 A_1，则 OA_1 就是某人 8 年后和 4 年前两个年龄的差，相当于 4 岁（OB_1）加上 8 岁（B_1B_2）得 B_2。

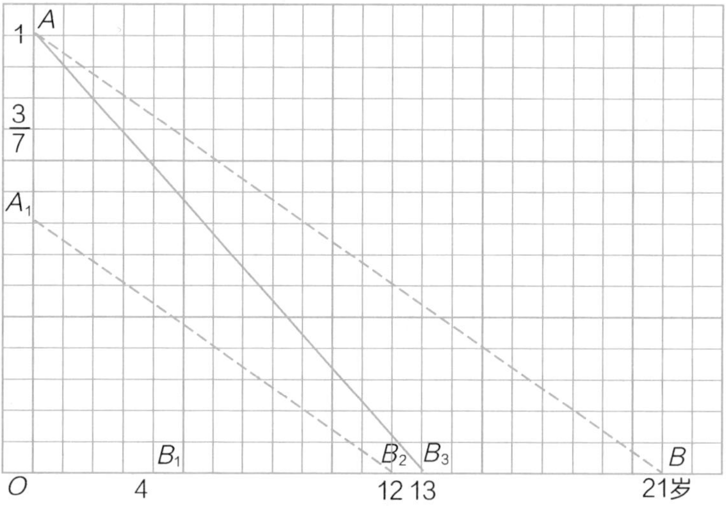

图 23-17 例十五图解

连结 A_1B_2，作 AB 平行于 A_1B_2。B 表示的 21 岁便是某人 8 年后的年龄。

从 B 退回 8 年，得 B_3，它表示的是 13 岁，就是某人现在的年龄。——4 年前，他是 9 岁，正好是他 8 年后 21 岁的 $\frac{3}{7}$。

这一来，算法自然有了：

$$\underset{OB_1}{(4\text{岁}}+\underset{B_1B_2}{8\text{岁}})\div\left(\underset{OA}{1}-\underset{A_1A}{\frac{3}{7}}\right)-\underset{B_3B}{8\text{岁}}=\underset{OB_2}{12\text{岁}}\div\underset{OA_1}{\frac{4}{7}}-\underset{B_3B}{8\text{岁}}=\underset{OB}{21\text{岁}}-\underset{B_3B}{8\text{岁}}=\underset{OB_3}{13\text{岁}}。$$

例十六：兄比弟大 8 岁，12 年后，兄的年龄比弟的 $1\frac{3}{5}$ 倍少 10 岁，求两人现在的年龄。

“又要来一次李太公分牛了。”马先生这么一说，我就想到，解决本题，得虚加一个数进去。从另一方面设想，兄比弟大 8 岁，这个差是“一成不变”的。题目上所给的是两兄弟 12 年后的年龄的关系，为了直接一点，自然应当从 12 年后他们的年龄着手。——这一来，好了，假如兄比弟大 10 岁——这就是要虚加进去的——那么，12 年后，他的年龄正是弟的年龄的 $1\frac{3}{5}$ 倍，不过他比弟大的却是 18 岁了。如图 23-18 所示。

取 OA 视作 12 年后弟年龄 1。取 AA_1 等于 OA 的 $\frac{3}{5}$，则 OA_1 便是 12 年后又加上 10 岁的兄的年龄。取 OA_2 等于 AA_1，

它便是 12 年后——当然也就是现在——兄的年龄加上 10 岁时，两人的年龄差，相当于 18 岁（OB）。

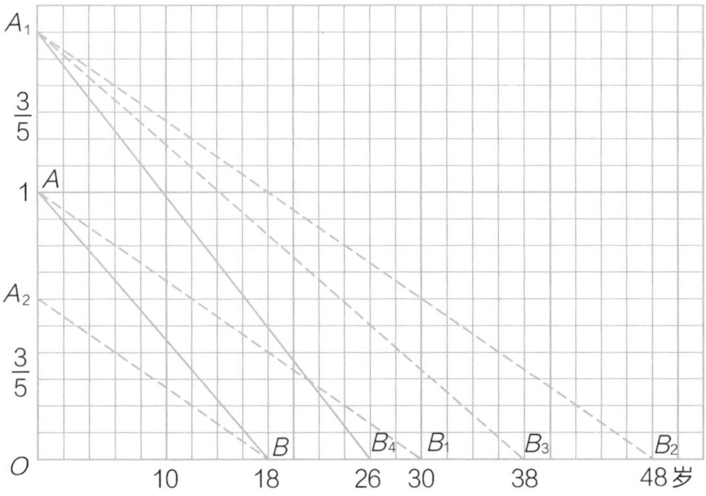

图 23-18 例十六图解

连结 A_2B，作 AB_1 和它平行。B_1 表示的 30 岁，是弟 12 年后的年龄。从中减去 12 岁，得 B，就是弟现在的年龄 18 岁。

作 A_1B_2 平行于 A_2B。B_2 表示的 48 岁是兄 12 年后又加上 10 岁的年龄。减去这 10 岁，得 B_3——38 岁，是兄 12 年后的年龄。再减去 12 岁，得 B_4——26 岁，是兄现在的年龄——正和弟现在的年纪 18 岁加上 8 岁相同，真是巧极了！

算法是这样的：

$$(8\text{ 岁}+10\text{ 岁})\div\left(1\frac{3}{5}-1\right)-12\text{ 岁}=18\text{ 岁}\div\frac{3}{5}-12\text{ 岁}$$

$$\begin{array}{cccc} \vdots & \vdots & \vdots & \vdots \\ OB & OA_1 & A_1A(OA) & BB_1 \end{array}$$

= 30 岁 - 12 岁 = 18 岁——弟年龄

$$\begin{array}{ccc} \vdots & \vdots & \vdots \\ OB_1 & BB_1 & OB \end{array}$$

18 岁 + 8 岁 = 26 岁——兄年龄

$$\begin{array}{ccc} \vdots & \vdots & \vdots \\ OB & BB_4 & OB_4 \end{array}$$

例十七：甲、乙两校学生共有 372 人，其中男生是女生的 $\frac{35}{27}$。甲校女生是男生的 $\frac{4}{5}$，乙校女生是男生的 $\frac{7}{10}$，求两校学生的数目。

王有道提出这个题，请求马先生指示画图的方法。马先生思考了一下，这样说：

“要用一个简单的图表示出题中的关系和结果，很困难。因为这个题本可分成两段看：前一段是男女学生总人数的关系；后一段只说各校中男女学生人数的关系。既然不好用一个图表示，就索性不用图吧！——现在我们无妨化大事为小事，再化小事为无事。第一步，先解决题目的前一段——两校的女生共多少人？”

这当然是很容易的：

$$372\text{ 人} \div \left(1+\frac{35}{27}\right) = 372\text{ 人} \div \frac{62}{27} = 162\text{ 人。}$$

“男生共多少人？”马先生见我们得出女生的人数以后问。

不用说，这更容易了：

372 人 − 162 人 =210 人。

“好！现在题目已化得简单一点儿了，我们来做第二步。为了说起来方便一些，我们说甲校学生的数目是甲，乙校学生的数目是乙。再把题目更改一下，甲校女生是男生的 $\frac{4}{5}$，那么，女生和男生各占全校的几分之几？”

“把甲校的学生看成 1，因为甲校女生是男生的 $\frac{4}{5}$，所以男生所占的分数是：

$1\div\left(1+\frac{4}{5}\right)=1\div\frac{9}{5}=\frac{5}{9}$。

女生所占的分数是：

$1-\frac{5}{9}=\frac{4}{9}$。

王有道回答完以后，马先生说：

“其实用不着这样小题大做。题目上说，甲校女生是男生的 $\frac{4}{5}$，那么甲校若有 5 个男生，应当有几个女生？”

“4 个。”周学敏回答。

“好！一共是几个学生？”

“9 个。”周学敏又回答。

“这不是甲校男生占$\frac{5}{9}$，甲校女生占$\frac{4}{9}$了吗？乙校的呢？”

“乙校男生占$\frac{10}{17}$，乙校女生占$\frac{7}{17}$。”还没等周学敏回答，我就抢着说。

“这么一来。”马先生说，“我们可以把题目改成这样了：

“甲的$\frac{5}{9}$同乙的$\frac{10}{17}$，共是210（1）；甲的$\frac{4}{9}$和乙的$\frac{7}{17}$，共是162（2）。甲、乙各是多少？”

到这一步，题目自然比较简单了，但是算法我还是想不清楚。

“再单就（1）来想想看。”马先生说，“化大事为小事，$\frac{5}{9}$的分子5，$\frac{10}{17}$的分子10，还有210，都可用什么数除尽？”

“5！”两三个人高声回答。

“就拿这个5去把它们都除一下，结果怎样？”

“变成甲的$\frac{1}{9}$，同乙的$\frac{2}{17}$，共是42。”王有道回答。

“你们再用4去将它们都乘一下看。”

“变成甲的$\frac{4}{9}$，同乙的$\frac{8}{17}$，共是168。”周学敏回答。

“把这结果和上面的（2）比较一下，你们应当可以得出计算方法来了。今天做这题用去的时间很长，你们自己去把结果算出来吧！”说完，马先生带着疲倦走出了教室。

对于（1）为什么先用 5 去除，再用 4 去乘，我原来不明白。后来，把这最后的结果和（2）比较一看恍然大悟，原来两个当中的甲都是 $\frac{4}{9}$ 了。先用 5 除，是找含有甲的 $\frac{1}{9}$ 的数，再用 4 乘，便是使这结果所含的甲和（2）所含的相同。相同！相同！甲的相同了，但乙的还不相同。

转个念头，我就想到：

168 当中，含有 $\frac{4}{9}$ 个甲，$\frac{8}{17}$ 个乙。

162 当中，含有 $\frac{4}{9}$ 个甲，$\frac{7}{17}$ 个乙。

若把它们，一个对着一个相减，那就得：

$168-162=6$

$\frac{4}{9}$ 个甲减去 $\frac{4}{9}$ 个甲，结果没有甲了。

$\frac{8}{17}$ 个乙减去 $\frac{7}{17}$ 个乙，还剩 $\frac{1}{17}$ 个乙。——它正和人数相当。

所以：

6 人 $\div \frac{1}{17}$ = 102 人——乙校的学生数

372 人 - 102 人 =270 人——甲校的学生数

这结果是否可靠，我有点儿不敢判断，只好检查一下：

270 人 $\times \frac{5}{9}$ = 150 人——甲校男生，270 人 $\times \frac{4}{9}$ =120 人——甲校女生；

102 人 × $\frac{10}{17}$ = 60 人——乙校男生，102 人 × $\frac{7}{17}$ =42 人——乙校女生。

150 人 + 60 人 = 210 人——两校男生，120 人 + 42 人 = 162 人——两校女生。

最后的结果，和前面第一步所得出来的完全一样，看来我用不着怀疑了！

二十四　显出原形

今天所讲的是前面所说的第三类，单纯关于分数自身变化的问题，大都是在某一些条件下找出原分数来，所以，我就给它起这么一个标题——显出原形。

“先从前面举过的例子说起。”马先生说了这么一句，就在黑板上写出例题。

例一：有一分数，其分母加 1，则可约为 $\frac{3}{4}$；其分母加 2，则可约为 $\frac{2}{3}$。求原分数。

“有理无理，从画线起。”马先先生这样说，就叫各人把表示 $\frac{3}{4}$ 和 $\frac{2}{3}$ 的线画出来。我们只好遵命照办，画 OA 表示 $\frac{3}{4}$，OB 表示 $\frac{2}{3}$，如图 24-1 所示。画完后，就束手无策了。

“很简单的事情，往往会向复杂、困难的路上去想，弄得此路不通。”马先生微笑着说，“OA 表示 $\frac{3}{4}$，不错，但 $\frac{3}{4}$ 是哪儿来的呢？我替你们回答吧，是原分数的分母加上 1 来的。假使原分母不加 1，画出来当然不是 OA 了。现在，我们来画一条和

OA 相距 1 的平行线 *CD*。*CD* 若表示分数，那么，它和 *OA* 上所表示的分子相同的分数，如 D_1 和 A_1（分子都是 3），它们俩的分母有怎样的关系？”

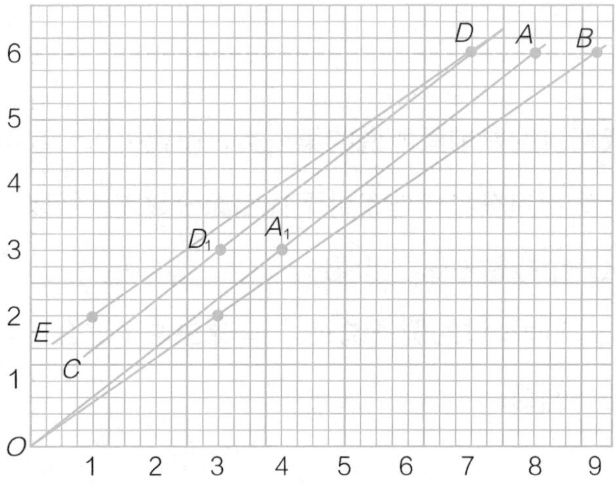

图 24-1　例一图解

“相差 1。”我回答。

“这两条直线上所有的同分子分数，它们俩的分母间的关系都一样吗？”

“都一样！”周学敏回答。

“可见我们要求的分数总在 *CD* 线上。对于 *OB* 来说又应当怎样呢？”

“作 *ED* 和 *OB* 平行，两者之间相距 2。”王有道回答。

“对的！原分数是什么？”

“$\frac{6}{7}$，就是 D 点所指示的。”大家都非常高兴。

“和它分子相同，OA 线所表示的分数是什么？”

“$\frac{6}{8}$，就是 $\frac{3}{4}$。”周学敏回答。

“OB 线所表示的同分子的分数呢？”

“$\frac{6}{9}$，就是 $\frac{2}{3}$。”我说。

“这两个分数的分母与原分数的分母比较有什么区别？”

“一个多 1，一个多 2。”由此可见，所求出的结果是不容怀疑的了。

这个题的计算法，马先生叫我们这样想：

“分母加上 1，分数变成了 $\frac{3}{4}$，分母是分子的多少倍？”

我想，假如分母不加 1，分数就是 $\frac{3}{4}$，那么，分母当然是分子的 $\frac{4}{3}$ 倍。由此可知，分母比分子的 $\frac{4}{3}$ 差 1。对了，由第二个条件说，分母比分子的 $\frac{3}{2}$ 少 2。

两个条件拼凑起来，便得：分子的 $\frac{4}{3}$ 和 $\frac{3}{2}$ 相差的是 2 和 1 的差。所以：

$$(2-1) \div \left(\frac{3}{2}-\frac{4}{3}\right) = 1 \div \frac{1}{6} = 6\text{——分子}$$

⋮　⋮　⋮　⋮　⋮　⋮

DB　*DA*　　　*O*9　*O*8　　*AB*　8-9

$6\times\frac{4}{3}-1=8-1=7$——分母

例二：有一分数，分子加 1，则可约成$\frac{2}{3}$；分母加 1，则可约成$\frac{1}{2}$。求原分数。

这次，又用得着依样“画瓢”了。

如图 24-2 所示，先作 *OA* 和 *OB* 分别表示$\frac{2}{3}$和$\frac{1}{2}$。再在纵线 *OA* 的下面，和它相距 1 作平行线 *CD*。又在 *OB* 的左边，和它相距 1 作平行线 *ED*，同 *CD* 交于 *D*。

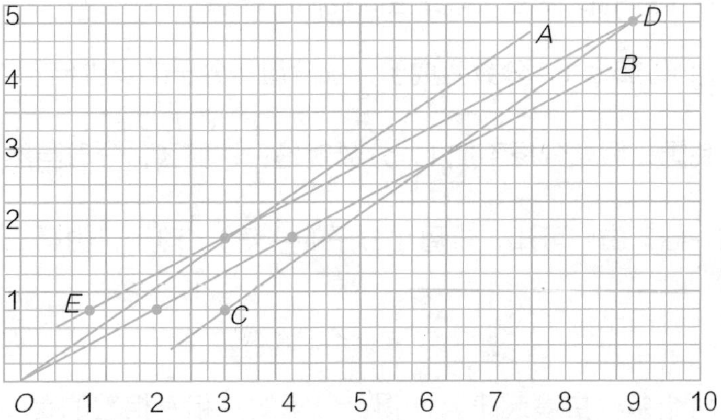

图 24-2　例二图解

D 表示出原分数是$\frac{5}{9}$。分子加 1，成$\frac{6}{9}$，即$\frac{2}{3}$；分母加 1，成$\frac{5}{10}$，即$\frac{1}{2}$。

由第一个条件，知道分母比分子的$\frac{3}{2}$倍“多”$\frac{3}{2}$。

由第二个条件，知道分母比分子的 2 倍“少”1。

所以：

$$\left(\frac{3}{2}+1\right)\div\left(2-\frac{3}{2}\right)=\frac{5}{2}\div\frac{1}{2}=5\text{——分子}$$

$$5\times\frac{3}{2}+\frac{3}{2}=\frac{15}{2}+\frac{3}{2}=\frac{18}{2}=9\text{——分母}$$

例三：某分数，分子减去 1，或分母加上 2，都可约成$\frac{1}{2}$，原分数是什么？

这个题目真有些妙！因为分子减去 1 或分母加上 2，都可约成$\frac{1}{2}$。和前两题比较，表示分数的两条线 OA、OB，当然并成了一条线 OA。又因为分子是“减去”1，作 OA 的平行线 CD 时，就得和前题相反，需画在 OA 的上面，如图 24-3 所示。然而这么一来，我有些迷糊了。依第二个条件所作的线，也就是 CD，方法没有错，但结果呢？

马先生看了我们作好的图 24-3 以后，这样问：“你们求出来的原分数是什么？”

我真不知道怎样回答，周学敏却回答是$\frac{3}{4}$。这个答数当然是对的，图中的 E_2 指示的就是$\frac{3}{4}$，并且分子减去 1，得$\frac{2}{4}$，分母加上 2，得 $\frac{3}{6}$，约分后都是 $\frac{1}{2}$。但 E_1 所指示的 $\frac{2}{2}$，分子减去 1 得 $\frac{1}{2}$，分母加上 2 得 $\frac{2}{4}$，约分后也是 $\frac{1}{2}$。还有 E_3 所指的 $\frac{4}{6}$，E_4 所指的 $\frac{5}{8}$，都是符合题中条件的。为什么这个题会有这么多答案呢？

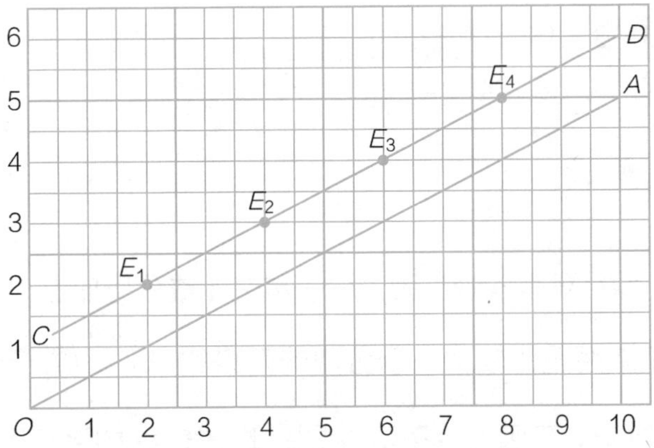

图 24-3　例三图解

马先生听了周学敏的回答，便问："还有别的答案没有？"

大家你说一个，他说一个，把 $\frac{2}{2}$、$\frac{4}{6}$ 和 $\frac{5}{8}$ 都说了出来。最奇怪的是，王有道回答了一个 $\frac{11}{20}$。不错，分子减去 1 得 $\frac{10}{20}$，分母加上 2 得 $\frac{11}{22}$，约分以后都是 $\frac{1}{2}$。我的图画得小了一点，在上面找不出来。但是王有道的图比我的也大不了多少，上面也没有指示 $\frac{11}{20}$ 这一点，他是从什么地方得出来的呢？

马先生似乎也觉得奇怪，问王有道：

“这 $\frac{11}{20}$，你是从什么地方得出来的？”

“偶然想到的。”他这样回答。在他也许是真情，在我却感到失望。马先生！马先生！只好静候他来解答这个谜了。

“这个题，你们已说出了 5 个答案。”马先生说，“其实你们要多少个都有，比如说 $\frac{6}{10}$、$\frac{7}{12}$、$\frac{8}{14}$、$\frac{9}{16}$、$\frac{10}{18}$……都是。你们以前没有碰到过这样的事，所以会觉得奇怪，是不是？但有这样的事，自然就应当有这样的理。这点倒用得着‘见怪不怪，其怪自败’这句老话了。一切的怪事都不怪，只是我们还不曾知道它。无论多么怪的事，我们把它弄明白以后，它就变得极平常了。现在，你们先不要‘大惊小怪’。试把你们和我说过的答案，依分母的大小顺次排序。”

遵照马先生的话，我把这些分数排起来：

$$\frac{2}{2},\frac{3}{4},\frac{4}{6},\frac{5}{8},\frac{6}{10},\frac{7}{12},\frac{8}{14},\frac{9}{16},\frac{10}{18},\frac{11}{20}$$

我马上就看出来：

第一，分母是一串连续的偶数。

第二，分子是一串连续的整数。

照这样推下去，当然 $\frac{12}{22}$、$\frac{13}{24}$、$\frac{14}{26}$……都对，真像马先生

所说的“要多少个都有”。我所看出来的情形，大家一样看了出来。马先生对大家这样说：

“现在你们可算看到‘有这样的事’了，我们应当进一步来找之所以‘有这样的事’的‘理’。不过，你们不妨姑且把这问题放在一旁，先讲本题的计算法。”

跟着前两个题看下来，这是很容易的。

由第一个条件，分子减去 1 可约成 $\frac{1}{2}$，可见分母等于分子的 2 倍少 2。

由第二个条件，分母加上 2 也可约成 $\frac{1}{2}$，可见分母加上 2 等于分子的 2 倍。

呵！到这一步，我才恍然大悟，感受到“拨云雾见青天”的快乐！原来半斤和八两没有两样。这两个条件，“分母等于分子的 2 倍少 2”和“分母加上 2 等于分子的 2 倍”，其实只是一个——“分子等于分母的一半加上 1”。前面所举出的一串分数，都合于这个条件。因此，那一串分数的分母都是“偶数”，而分子是一串连续的整数。这样一来，随便用一个“偶数”做分母，都可以找出一个合题的分数来。例如，用 100 做分母，它的一半是 50，加上 1 是 51，即 $\frac{51}{100}$，分子减去 1 得 $\frac{50}{100}$，分母加上 2 得 $\frac{51}{102}$。约分下来，它们都是 $\frac{1}{2}$。这是多么简单的道理！

假如，我们用“整数的 2 倍”表示“偶数”，这个题的答案就是这样一种形式的分数：

$$\frac{某整数+1}{2\times 某整数}$$

这个情形，在图上怎样解释呢？我想起了交差原理中有这样的话：

“两线不止一个交点会怎么样？”

“那就是这题不止一个答案……”

这里，两线合成了一条，自然可说有无穷的交点，而答案自然也是无数的了。

真的！“把它弄明白以后，它就变得极平常了。”

例四：从 $\frac{15}{23}$ 的分母和分子中减去同一个数，则可约成 $\frac{5}{9}$，求所减去的数。

因为题上说的有两个分数，我们首先就把表示它们的两条直线 *OA* 和 *OB* 画出来，如图 24-4 所示。*A* 点所指的就是 $\frac{15}{23}$。题目上说的是从分母和分子中减去同一个数，可约成 $\frac{5}{9}$，我就想到在 *OA* 的上、下都画一条平行线，并且它们距 *OA* 相等。——呵！我又走入迷魂阵了！减去的是什么数还不知道，这平行线，怎样画呢？大家都发现了这个难点，最终还是由马先生来解决。

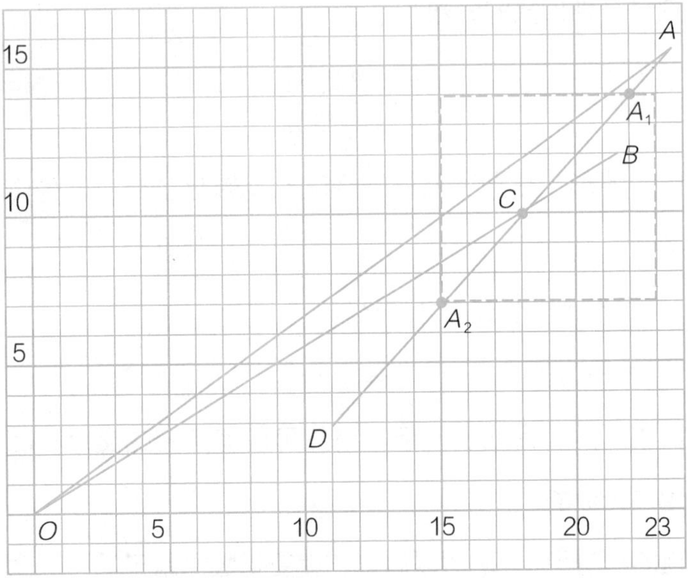

图 24-4　例四图解

“这回不能依样‘画瓢’了。”马先生说，“假如你们已经知道了减去的数，照抄老文章，怎样画呢？”

我把自己所想到的说了出来。

马先生接着说：

“这条路走错了，会越走越黑的。现在你来实验一下。实验和观察，是研究一切科学的初步工作，许多发明都是从实验中产生的。假如从分母和分子中各减去 1，得什么？”

“$\frac{14}{22}$。”我回答。

“各减去 8 呢？”

“$\frac{7}{15}$。”我再答。

“你把这两个分数在图上标记出来，看它们和指示 $\frac{15}{23}$ 的 A 点有什么关系？”

我点出 A_1 和 A_2，一看，它们都在经过小方格的对角线 AD 上。我就把它们连起来，这条直线和 OB 交于 C 点。C 所指的分数是 $\frac{10}{18}$，它的分母和分子比 $\frac{15}{23}$ 的分母和分子都差 5，约分以后正是 $\frac{5}{9}$。原来所减去的数是 5。结果得出来了，但为什么这样一画就可得出来呢?

关于这一点，马先生的解说是这样的:

“从原分数的分母和分子中‘减去’同一个的数，所得的数用‘点’表示出来，如 A_1 和 A_2。就分母说，当然要在经过 A 这条纵线的‘左’边；就分子说，在经过 A 这条横线的‘下’面。并且，因为减去的是‘同一个’数，所以这些点到纵线和横线的距离相等。这两条线可以看成是正方形的两边。正方形对角线上的点，无论哪一点到两边的距离都一样。反过来，到正方形的两边距离一样长的点，也都在这条对角线上，所以我们只要画 AD 这条对角线就行了。它上面的点到经过 A 的纵线和横线的距离既然相等，则这点所表示的分数的分母和分子与 A 点所表示的分数的分母和分子所差的当然相等了。”

现在转到本题的算法。分母和分子所减去的数相同，换句话说，便是它们的差是一定的。这一来，就和第八节中所讲的年龄的关系相同了。我们可以设想为：

兄 23 岁，弟 15 岁，若干年前，兄的年龄是弟的$\frac{9}{5}$（因为弟的年龄是兄的$\frac{5}{9}$）。

它的算法便是：

$$15-(23-15)\div\left(\frac{9}{5}-1\right)=15-8\div\frac{4}{5}=15-10=5$$

例五：有大小两数，小数是大数的$\frac{2}{3}$。若两数各加 10，则小数为大数的$\frac{9}{11}$，求这两个数。

“用这个相对容易的题目来结束分数四则问题吧。你们自己先画个图看。”马先生说。

听到“容易”这两个字，我反而感到有点儿莫名其妙了。我先画 OA 表示$\frac{2}{3}$，又画 OB 表示$\frac{9}{11}$。按照题目所说的，小数是大数的$\frac{2}{3}$，我就把小数看成分子，把大数看成分母，这个分数可约成$\frac{2}{3}$。两数各加上 10，则小数为大数的$\frac{9}{11}$。这就是说，原分数的分子和分母各加上 10，则可约成$\frac{9}{11}$。再在 OA 的右边，相隔 10 作 CA_1 和它平行。又在 OA 的上面，相隔 10 作 DA_2 和它平行。我想 CA_1 表示分母加了 10，DA_2 表示分子加了 10，它们和 OB 一定有什么关系，可以用这个关系找出所要求的答案。哪里知道，三条直线毫不相干！我失败了！

我硬着头皮去请教马先生。他说：

“这又是‘六窍皆通’了。CA_1 既然表示分母加了 10 的分数，再把这分数的分子也加上 10，不就和 OB 所表示的分数相同了吗？”

自然，我听后还是有点儿摸不着头脑。只知道，DA_2 这条线是不必画的。另外，应当在 CA_1 的上边相隔 10 作一条平行线。我将这条线 EF 作出来，就和 OB 有了一个交点 B_1。它指的分数是 $\frac{18}{22}$，从它的分子中减去 10，得 CA_1 上的 B_2 点，它指的分数是 $\frac{18}{22}$。所以，不作 EF，而作 GB_2 平行于 OB_1，表示从 OB 所表示的分数的分子中减去 10，也是一样。GB_2 和 CA_1 交于 B_2，又从这分数的分母中减去 10，得 OA 上的 B_4 点，它指的分数是 $\frac{8}{12}$。这个分数约下来正好是 $\frac{2}{3}$。——小数 8，大数 12，就是所求的了。

其实，从图 24-5 上看来，DA_2 这条线也未尝不可用。EF 也和它平行，在 EF 的左边相隔 10。DA_2 表示原分数的分子加上 10 的分数，EF 就表示这个分数的分母也加上 10 的分数。自然，这也就是 B_1 点所指的分数 $\frac{18}{22}$ 了。从 B_1 的分母中减去 10 得 DA_2 上的 B_3，它指的分数是 $\frac{18}{12}$。由 B_3 指的分数的分子中减去 10，还是得 B_4。本来若不作 EF，而在 OB 的左边相距 10，作 HB_3 和 OB 平行，交 DA_2 于 B_3 也可以。这可真算是左右逢源了。

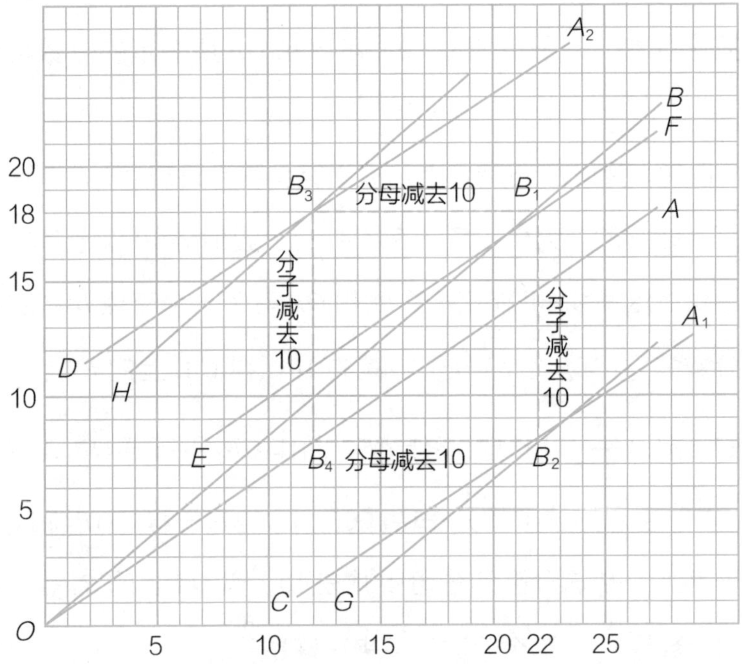

图 24-5　例五图解

计算法倒是容易：

“两数各加上 10，则小数为大数的 $\frac{9}{11}$。”换句话说，便是小数加上 10 等于大数的 $\frac{9}{11}$ 加上 10 的 $\frac{9}{11}$。而小数等于大数的 $\frac{9}{11}$，加上 10 的 $\frac{9}{11}$，减去 10。但由第一个条件说，小数只是大数的 $\frac{2}{3}$。可知，大数的 $\frac{9}{11}$ 和它的 $\frac{2}{3}$ 的差，是 10 和 10 的 $\frac{9}{11}$ 的差。所以：

$$\left(10-10\times\frac{9}{11}\right)\div\left(\frac{9}{11}-\frac{2}{3}\right)=\left(10-\frac{90}{11}\right)\div\left(\frac{9}{11}-\frac{2}{3}\right)$$

$$=\frac{20}{11}\div\frac{5}{33}=12\text{——大数}$$

$$12\times\frac{2}{3}=8\text{——小数}$$

二十五 从比到比例

“这次我们又要开始讲解一个其他类型的题目了。”马先生进了课堂就说，“我先问你们，什么叫作‘比’？”

“‘比’就是‘比较’。”周学敏回答。

“那么，王有道比你高，李大成比你胖，我比你年纪大，这些都是比较，也就是你所说的‘比’了？”马先生说。

“不是的。”王有道说，“‘比’是说一个数或量是另一个数或量的多少倍或几分之几。”

“对的，这种说法是对的。不过照前面我们说过的，若把倍数的意义放宽一些，一个数的几分之几，和一个数的多少倍，本质上没有什么差别。依照这种说法，我们当然可以说，一个数或量是另一个数或量的多少倍，这就称为它们的比。求倍数用的是除法，现在我们将除法、分数和‘比’，这三项作一个比较，可得：

除法—被除数—除数—商数

| | | |

分数 — 分子 — 分母 — 分数的值

| | | |

比 — 前项 — 后项 — 比值

“这样一来，‘比’的许多性质和计算法，都可以从除法和分数中推出来了。

“比例是什么？”马先生讲明了“比”的意义，停顿了一下，看看大家都没有什么疑问，接着提出这个问题。

“4 个数或量，若两个两个所成的比相等，就说这 4 个数或量成比例。”王有道回答。

“那么，成比例的 4 个数，用图线表示是什么情形？”马先生对于王有道的回答大概是默许了。

“一条直线。”我想着，“比”和分数相同，两个“比”相等，自然和两个分数相等一样，它们应当在一条直线上。

“不错！”马先生说，“我们还可以说，一条直线上的任意两点，到纵线和横线的长总是成比例的。虽然我们现在还没有加以普遍地证明，但根据前面分数中的说明，不妨在事实上承认它。”接着他又说：

“4 个数或量所成的比例，我们把它叫作简比例。简比例有几种？”

“两种：正比例和反比例。”周学敏回答。

“正比例和反比例有什么不同？”马先生问。

“4 个数或量所成的两个比相等的，叫它们成正比例。一个比和另外一个比的倒数相等的，叫它们成反比例。”周学敏回答。

“反比例，我们暂且放下。单看正比例，你们举一个例子吧。”马先生说。

“如一个人，每小时走 6 里路，两小时就走 12 里，3 小时就走 18 里。时间和距离同时变大、变小，它们就成正比例。”王有道说。

“对不对？”马先生问。

“对！——”好几个人回答。我也觉得是对的，不过因为马先生既然提了出来，我想着，一定有什么不妥当了，所以没有说话。

“对是对的，不过欠精密一点儿。”马先生批评说，“譬如，一个数和它的平方数，1 和 1，2 和 4，3 和 9，4 和 16……都是同时变大、变小，它们成正比例吗？”

“不！”周学敏回答，“因为 1 比 1 是 1，2 比 4 是 $\frac{1}{2}$，3 比 9 是 $\frac{1}{3}$，4 比 16 是 $\frac{1}{4}$……全不相等。”

“由此可见，4 个数或量成正比例，不单是成比例的两个数或量同时变大、变小，还要变大或变小的倍数相同。这一点是一般人常常忽略了的，所以他们常常会乱用‘成正比例’这个说法。比如说，圆周和圆面积都是随着圆的半径一同变大、变小的，但圆周和圆半径成正比例，而圆面积和圆半径就不成正比例。”

关于正比例的计算，马先生说都很简单，不再举例，他只把可以看出正比例的应用的计算法提出来。

第一，关于寒暑表的计算。

例一：摄氏寒暑表上的 20 度，是华氏寒暑表上的几度？

“这题的要点是什么？”马先生问。

“两种表上的度数成正比例。”周学敏答。

“还有呢？”马先生问。

“摄氏表的冰点是零度，沸点是 100 度；华氏表的冰点是 32 度，沸点是 212 度。”一个同学回答。

“那么，它们两个的关系怎样用图线表示呢？”马先生问。

这本来没有什么困难，我们想一下就都会画了。纵线表示华氏的度数，横线表示摄氏的度数，如图 25-1 所示。因为从冰点到沸点，它们度数的比是：

$$(212-32):100=180:100=9:5$$

所以，从华氏的冰点 F 起，依照纵 9 横 5 的比画 FA 线，表明的就是它们的关系。

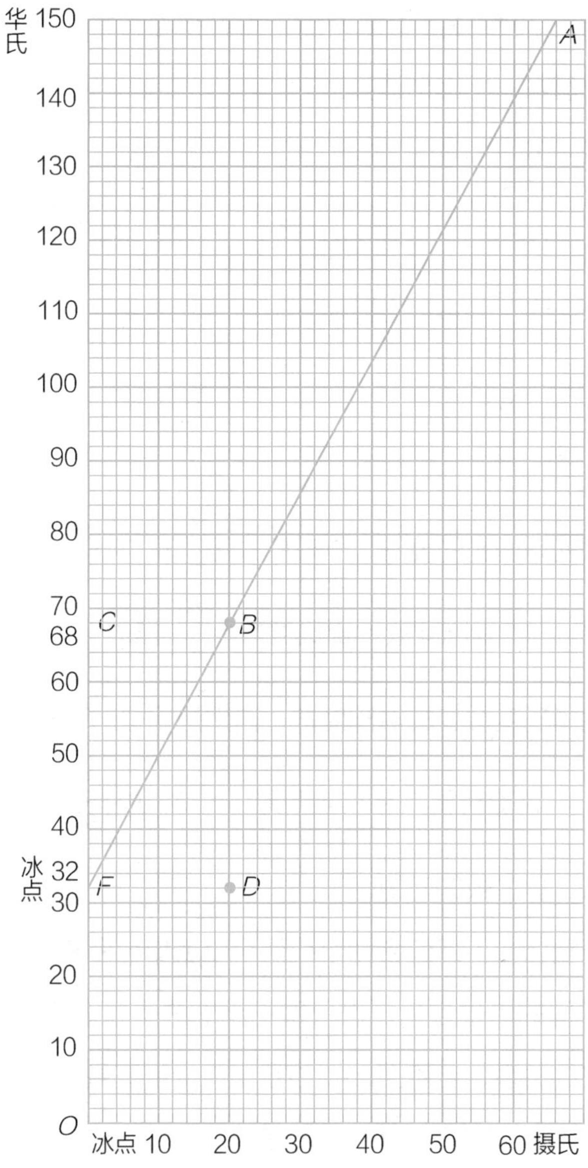

图 25-1　有关寒暑表计算的例一图解

从摄氏 20 度往上看得 B 点，由 B 横看得华氏的 68 度，这就是所求度数。用比例计算：

$$\begin{array}{l}(212-32):100=x:20\\ \qquad\quad\vdots\qquad\qquad\ \vdots\quad\vdots\\ \qquad\quad OF\qquad\quad FC\ \ OD\end{array}$$

$$x=\frac{212-32}{100}\times 20=\frac{180}{5}=36$$

$$\begin{array}{l}36+32=68\\ \vdots\qquad\vdots\qquad\vdots\\ FC\ \ OF\ \ \ OC\end{array}$$

依照四则问题的算法，一般的式子是：

$$华氏度数=摄氏度数\times\frac{9}{5}+32°$$

要由华氏度数变成摄氏度数，自然是相似的了：

$$摄氏度数=(华氏度数-32°)\times\frac{5}{9}$$

第二，复名数的问题。

对于复名数（即包含两个或两个以上单位名称的数），马先生说，不同的单位互化，也只是正比例的问题。例如公尺、市尺和英尺的关系，若用图 25-2 表示出来，那真是一目了然。——图中的 OA 表示公尺，OB 表示英尺，OC 表示市尺。3 市尺等于 1 公尺，而 3 英尺——1 码——比 1 公尺还差一些。

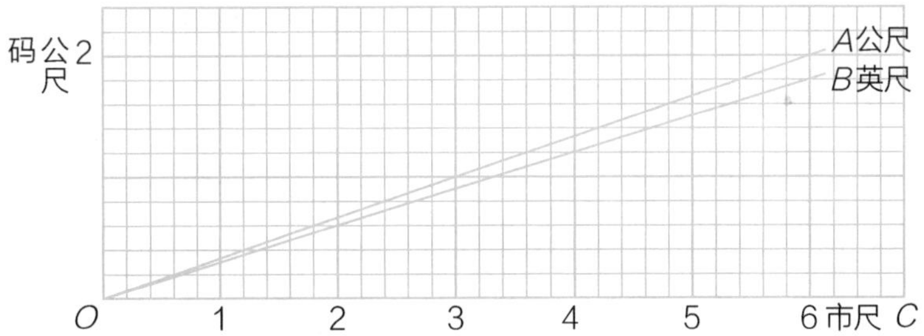

图 25-2　复名数问题例一图解

第三，百分法。

例一：通常，20 磅火药中有硝石 15 磅，硫黄 2 磅，木炭 3 磅，这 3 种原料各占火药的百分之几？

马先生叫我们先把这 3 种原料各占火药的几分之几计算出来，并且画图表明。这自然是很容易的：

硝石：$\frac{15}{20}=\frac{3}{4}$，硫黄：$\frac{2}{20}=\frac{1}{10}$，木炭：$\frac{3}{20}$。

在图 25-3 上，*OA* 表示硝石和火药的比，*OB* 表示硫黄和火药的比，*OC* 表示木炭和火药的比。

“将这 3 个分数的分母都化成一百，各分数怎样？”我们将图画好以后，马先生问。

这也是很容易的：

硝石：$\frac{3}{4}=\frac{75}{100}$，硫黄：$\frac{1}{10}=\frac{10}{100}$，木炭：$\frac{3}{20}=\frac{15}{100}$。

这 3 个分数，就是 *A*、*B*、*C* 三点所指示出来的。

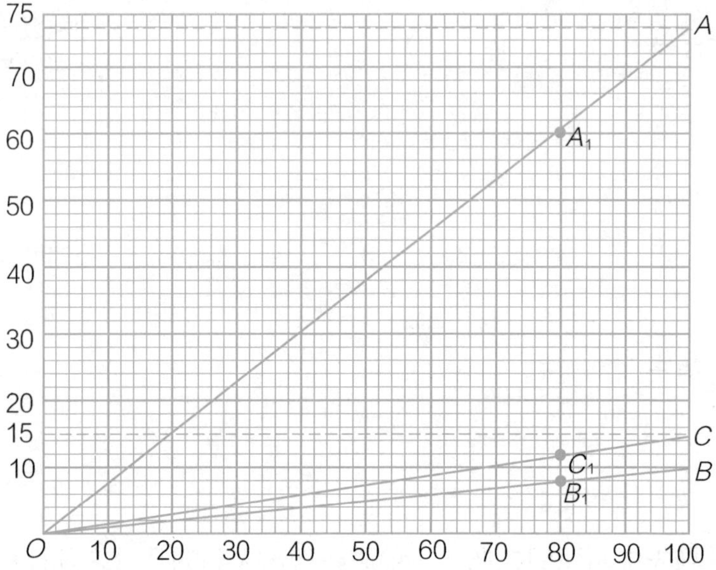

图 25-3　百分法问题例一图解

“百分数，就是分母固定是 100 的分数，所以关于百分数的计算，和分数的以及比的计算也没有什么不同。子数就是比的前项，母数就是比的后项，百分率不过是用 100 作分母时的比值。”马先生把百分法和比这样比较，自然百分法只是比例的应用了。

例二：硫黄 80 磅可造多少火药？要掺杂多少硝石和木炭？

这是极容易的题目，只要由图 25-3 一看就知道了。在 OB 上，B_1 表示 8 磅硫黄，从它往下看，相当于 80 磅火药；往上看，A_1 指示 60 磅硝石，C_1 指示 12 磅木炭。各数变大 10 倍，便是

80 磅硫黄可造 800 磅火药，要掺杂 600 磅硝石和 120 磅木炭。

用比例计算，是这样的：

火药：$2:80 = 20$ 磅 $: x$ 磅，　　　$x = 800$ 磅，

硝石：$2:80 = 15$ 磅 $: x$ 磅，　　　$x = 600$ 磅，

木炭：$2:80 = 3 : x$ 磅，　　　　$x = 120$ 磅。

若用百分法，便是：

火药：80 磅 $\div 10\% = 80$ 磅 $\div \frac{10}{100} = 80$ 磅 $\times \frac{100}{10} = 800$ 磅。

这是求母数。

硝石：800 磅 $\times 75\% = 800$ 磅 $\times \frac{75}{100} = 600$ 磅，

木炭：800 磅 $\times 15\% = 800$ 磅 $\times \frac{15}{100} = 120$ 磅。

这都是求子数。

用比例和用百分法计算，实在没有什么两样。不过习惯了之后，用百分法比较简单一点罢了。

例三：定价 4 元的书，若加 4 成卖，卖价多少？

这题的作图法，起先我以为很容易，但一动手就感到困难了。如图 25-4 所示，OA 线表示 $\frac{40}{100}$，这我是会的。但是，由它只能看出卖价是 1 元加 4 角（A_1），2 元加 8 角（A_2），3 元加 1 元 2 角（A_3）和 4 元加 1 元 6 角（A）。固然，由此可以知道定价 1 元的要卖 1 元 4 角，定价 2 元的要卖 2 元 8 角，定价 3

元的要卖 4 元 2 角，定价 4 元的要卖 5 元 6 角。但这是算出来的，在图 25-4 上却找不出。

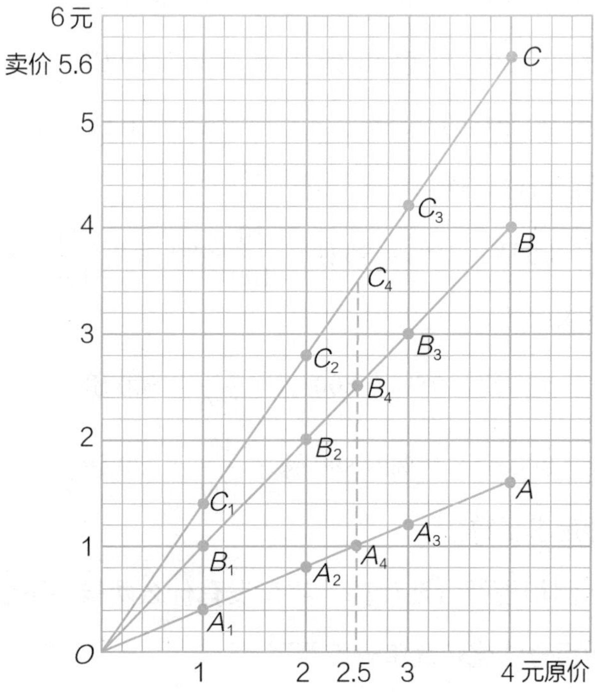

图 25-4　百分法问题例三图解

我照这些卖价作成 C_1、C_2、C_3 和 C 各点，把它们连起来，得直线 OC。由 OC 上的 C_4 看，卖价是 3 元 5 角。往下看到 OA 上的 A_4，加的是 1 元。再往下看，原价是 2 元 5 角。这些都是合题的。线大概是画对了，不过对于画法，我总觉得不可靠。

周学敏和其他两个同学都和我一样，王有道怎样我不知道。

他们去问马先生，马先生的回答是：

“你们是想把原价加到所加的价上面去，弄得没有办法了。不妨反过来，先将原价表出，再把所加的价加上去。”

原价本来已经很清楚了，怎样再来表示呢？我闷着头想，忽然想到了，要另外表示，是照原价卖的卖价。我作了 *OB* 线，再把 *OA* 所表示的往上一加，就成了 *OC*。

至于计算法，本题求的是母子和。由图 25-4 看得很明白，B_1、B_2、B_3……指的是母数；B_1C_1、B_2C_2、B_3C_3……指的是相应的子数；C_1、C_2、C_3……指的便是相应的母子和。即

母子和 = 母数 + 子数

= 母数 + 母数 × 百分率

= 母数（1 + 百分率）

“1+ 百分率”，就是 C_1 所表示的。在本题中，卖价是：

4 元 × (1 + 0.40) = 4 元 × 1.40 = 5.6 元

例四：上海某公司货物，照定价加 2 出卖。运到某地需加运费 5 成，某地商店照成本再加 2 成出卖。上海定价 50 元的货，某地的卖价是多少？

本题只是前题中的条件多重复两次，可以说不难。但我动手作图的时候，却碰了钉子。如图 25-5 所示，我先作 *OA* 表示 20% 的百分率，*OB* 表示母数 1，*OC* 表示上海的卖价，这些和

前题完全相同，当然一点儿不费力。运费是照卖价加 5 成，我作 *OD* 表示 50% 的百分率以后，却迷住了，不知怎样将这 5 成运费加到卖价 *OC* 上去。要是去请教马先生，他一定要说我“六窍皆通”了。不止我一个人，大家都一样，一边用铅笔在纸上画，一边低着头想。

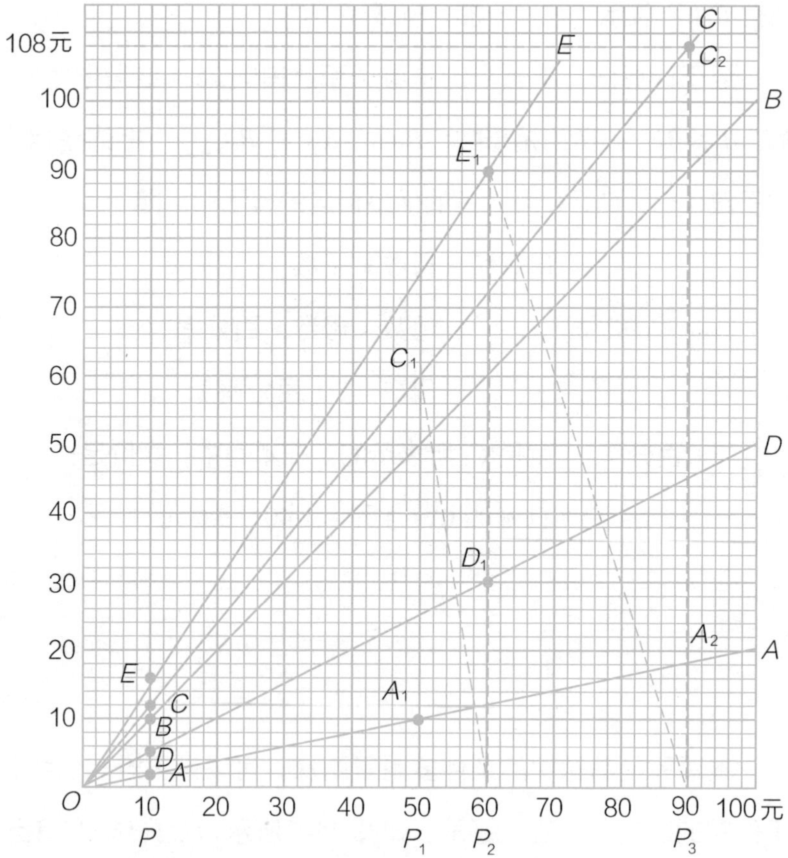

图 25-5 百分法问题例四图解

母数！母数！对于运费来说，上海的卖价不就成了母数吗？"天下无难事，只怕想不通"。这一点想通了，真是再简单不过。将 OD 所表示的百分率加到 OB 所表示的母数上去，得 OE，它所表示的便是成本。

把成本作为母数，再加 2 成，仍然用 OC 表示，这就成了某地的卖价。

是的！ 50 元（OP_1），加 2 成 10 元（P_1A_1），上海的卖价是 60 元（P_1C_1）。

60 元作母数，OP_2 加运费 5 成 30 元（P_2D_1），成本是 90 元（P_2E_1）。

90 元作母数，OP_3 加 2 成 18 元（P_3A_2），某地的卖价是 108 元（P_3C_2）。

算法是很容易的。将它和图对照起来，真是有趣极了！

$$50元 \times (1 + 0.20) \times (1 + 0.50) \times (1 + 0.20) = 108$$

$$
\begin{array}{ccccccc}
\vdots & \vdots & \vdots & \vdots & \vdots & \vdots & \vdots & \vdots \\
OP_1 & \underbrace{PB \quad PA} & \underbrace{PB \quad PD} & \underbrace{PB \quad PA} & \vdots \\
\vdots & PC & PE & PC & P_3C_2 \\
\underbrace{P_1C_1(OP_2)} & & \vdots \\
P_2E_1(OP_3)
\end{array}
$$

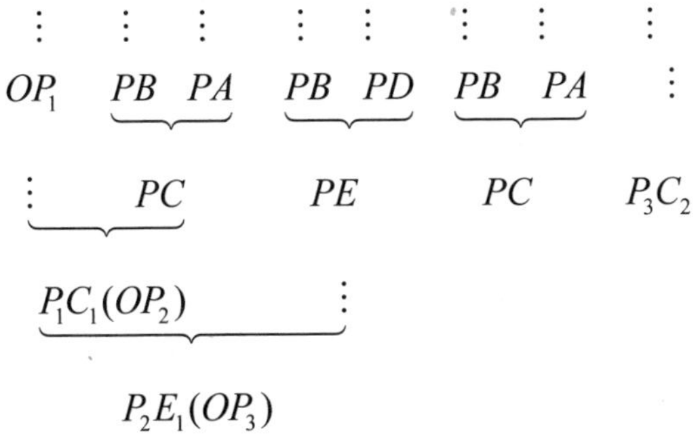

例五：某市用 10 年前的物价作标准，物价指数是 150%。现在定价 30 元的物品，10 年前的定价是多少？

“物价指数”这是一个新鲜名词，马先生解释道：

“简单地说，一个时期的物价对于某一定时期的物价的比，叫作物价指数。不过为了方便，作为标准的某一定时期的物价，算是一百。所以，将物价指数和百分比对照：一定时期的物价便是母数；物价指数便是（x + 百分率）；现时的物价便是母子和。”

经过这样一番解释，我们已懂得：本题是知道了母子和，物价指数（1 + 百分率），求母数。

如图 25-6 所示，先作 OB 表示 1 加百分率，即 150%。再作 OA 表示 1，即 100%。

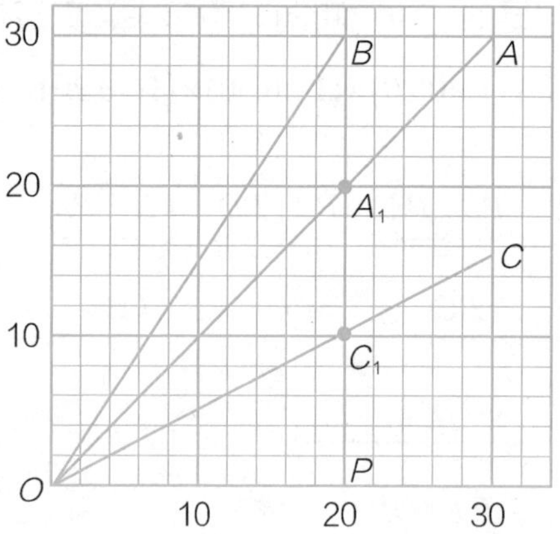

图 25-6　百分法问题例五图解

从纵线 30 那一点，横看到 OB 线得 B 点。由 B 往下看得 20 元，这就是十年前的物价。

算法是这样的：

$$30\text{ 元} \div 150\% = 20\text{ 元}$$

这是由例三的公式推出来的：

母数 = 母子和 ÷（1 + 百分率）

例六：前题，现在的物价比十年前涨了多少？

这自然只是求子数的问题了。在图 25-6 中，OA 线表示的是 100%，就是十年前的物价。所以，A_1B 表示的 10 元，就是所涨的价。因为 PB 是母子和，PA_1 是母数，PB 减去 PA_1 就是子数。求子数的公式便是：

子数 = 母子和 − 母子和 ÷（1 + 百分率）

例七：十年前定价 20 元的物品，现在定价 30 元，求所涨的百分率和物价指数。

这个题目是从例五变化出来的。作图（见图 25-6）的方法当然相同，不过顺序要变换一下。先作表示现价的 OB，再作表示十年前定价的 OA，从 A_1 向下截去 A_1B 的长得 C_1。连结 OC_1，得直线 OC，它表示的便是百分率：

$$PC_1 : OP = 10 : 20 = 50\%$$

至于物价指数，就是 100% 加上 50%，等于 150%。

计算的公式是：

$$百分率=\frac{母子和-母数}{母数}\times100\%$$

例八：定价15元的货物，按7折出售，卖价是多少？减去多少？

大概是这些例题比较简单的缘故，没有一个人感到困难。一方面，不得不说，由于马先生详加指导，我们一见到题目就知道找寻它的要点了。一连几道题，差不多都是我们自己作的，很少倚赖马先生。

本题和例三相似，这里是减，那里是加，只是这一点不同。如图 25-7 所示，先作表示百分率（30%）的线 OA，再作表示原价 1 的线 OB。由 PB 减去 PA 得 PC，连结 OC，它所表示的就是卖价。CB 和 PA 相等，都表示减去的数量。

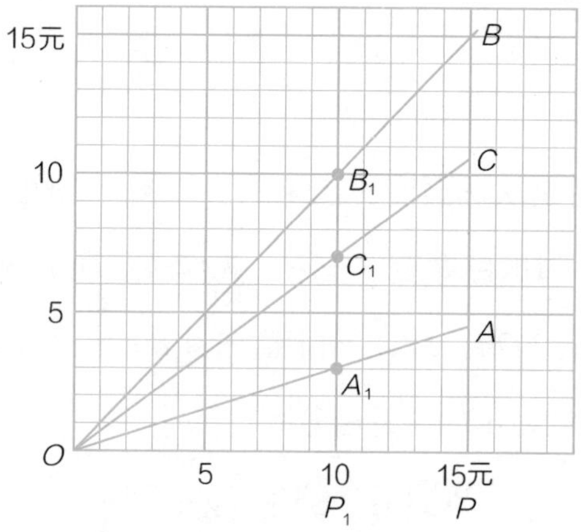

图 25-7　百分法问题例八图解

图上表示得很清楚，卖价是 10 元 5 角（*PC*），减去的是 4 元 5 角（*PA* 或 *CB*）。

在百分法中，这是求母子差的问题。由前面的说明，公式很容易得出：

母子差 = 母数 ×（1 - 百分率）

⋮　　⋮　　⋮　　⋮

PC　　OP　　P_1B_1　　$P1A_1(C_1B_1)$

在本题中就是：

15 元 ×（1 - 30%）= 15 元 × 0.70 = 10.5 元。

例九：8 折后再 6 折和双七折哪一种折扣更高？

如图 25-8 所示，*OP* 表示定价。*OA* 表示 8 折，*OB* 表示 7 折，*OC* 表示 6 折。

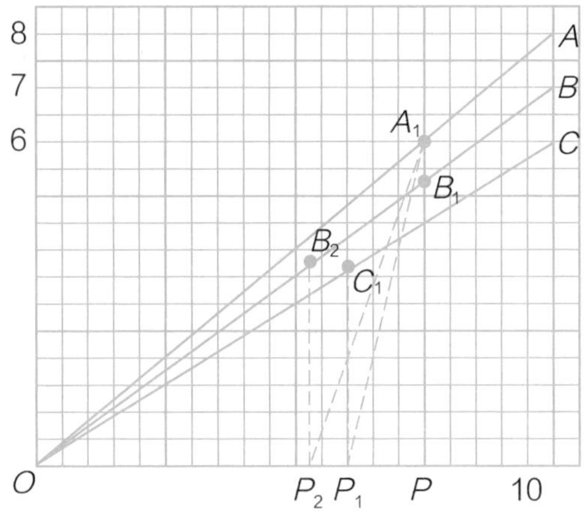

图 25-8　百分法问题例九图解

OP 8 折成 PA_1。将它作为母数，就是 OP_1。OP_1 6 折，为 P_1C_1。

OP 7 折为 PB_1。将它作为母数，就是 OP_2。OP_2 再 7 折，为 P_2B_2。

P_1C_1 比 P_2B_2 短，所以 8 折后再 6 折比双七折折扣更高。

例十：王成之照定价扣去 2 成买进的脚踏车，一年后折旧 5 成卖出，得 32 元，原定价是多少？

这也不过是多绕一个弯儿的问题。

如图 25-9 所示，OS_1 表示第二次的卖价 32 元。OA 表示折去 5 成。OP_1 表示的 64 元就是王成之的买价。用它作子数，即 OS_2，为原主的卖价。

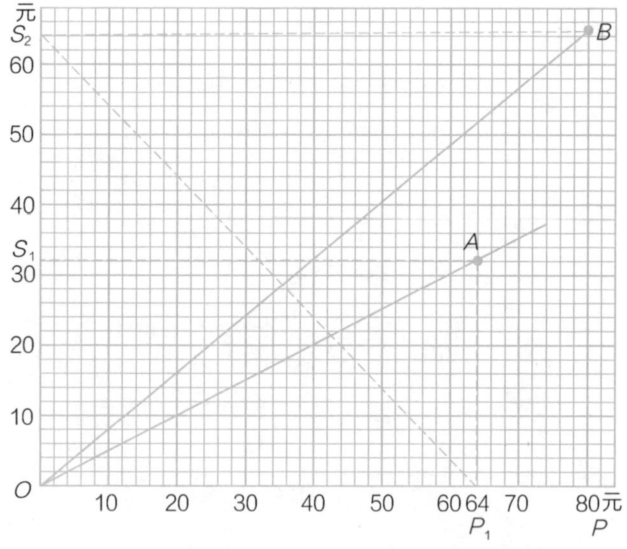

图 25-9　百分法问题例十图解

OB 表示折去 2 成。OP 表示的 80 元就是原定价。

因为求母数的公式是:

$$母数 = 母子差 \div (1 - 百分率)$$

所以算法是:

$$\begin{aligned}
&32\text{元} \div (1 - 50\%) \div (1 - 20\%) \\
&= 32\text{元} \div \frac{50}{100} \div \frac{80}{100} \\
&= 32\text{元} \times 2 \times \frac{5}{4} \\
&= 80\text{元}
\end{aligned}$$

第四，单利息。

“100 元，一年付 10 元的利息，利息占本金的百分之几？”马先生写完了标题问。

“10%。”我们一起回答。

“这 10% 叫作年利率。所谓单利息，是利息不再生利的计算法。两年的利息是多少？”马先生问。

“20 元。”一个同学回答。

“3 年的呢？”

“30 元。”周学敏回答。

“10 年的呢？”

“100 元。”仍是周学敏回答。

“付利息的次数，叫作期数。你们知道求单利息的公式吗？”

“利息等于本金乘以利率再乘以期数。”王有道回答。

“好！这就是单利息算法的基础。它和百分法有什么不同？”

“多一个乘数——期数。”我回答。我也想到它和百分法没有什么本质的差别：本金就是母数，利率就是百分率，利息就是子数。

“所以，对于单利息，用不着多讲，画一个图就可以了。”马先生说。

图一点儿也不难画，因为无论从本金或期数说，利息对它们都是定倍数（利率）的关系。

如图 25-10 所示，横线表示年数，从 1 到 10。

纵线表示利息，0 到 120 元。

本金都是 100 元。

表示利率的线共 12 条，依次是从年利 1 厘、2 厘、3 厘、…到 1 分、1 分 1 厘和 1 分 2 厘。

这图的用法，马先生说，并不只限于检查本金 100 元在 10 年间，每年按照所标利率应付的利息。本金不是 100 元的，也可由它推算出来。

例十一：本金 350 元，年利 6%，求 7 年间的利息。

本金 100 元，年利 6%，7 年间的利息是 42 元（A）。本金

350 元的利息便是：

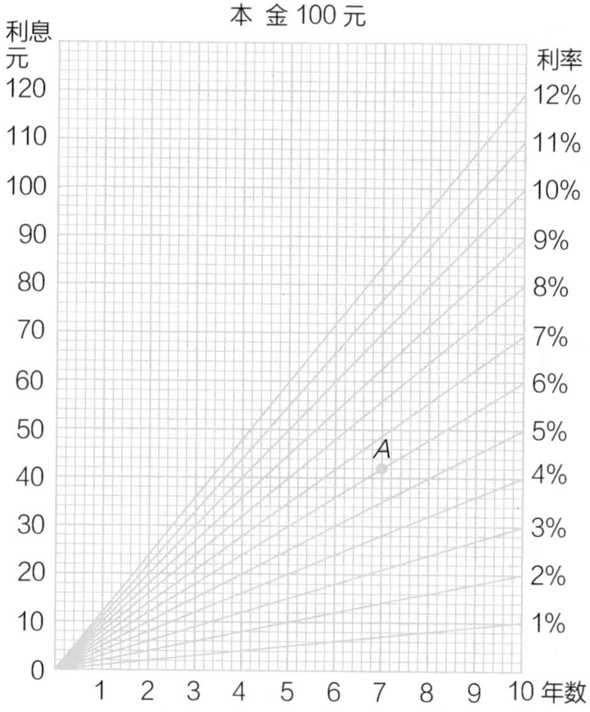

图 25-10　单利息概念图解

$$42\text{ 元} \times \frac{350}{100} = 147\text{ 元}$$

年数不止 10 年的，也可由它推算出来。并且把年数看成期数，各种单利息都可由它推算出来。

例十二：本金 400 元，月利 2%，求 3 年的利息。

本金 100 元，利率 2%，10 期的利息是 20 元，6 期的利息是 12 元，30 期的利息是 60 元，所以 3 年（共 36 期）的利息是 72 元。

本金 400 元的利息是:

$$72\text{ 元} \times \frac{400}{100} = 288\text{ 元}$$

利率是图上没有的，仍然可由它推算出来。

例十三：本金 360 元，半年 1 期，利率 14%，4 年的利息是多少？

利率 14% 可看成 12% 加 2%。半年 1 期，四年共 8 期。本金 100 元，利率 12%，8 期的利息是 96 元，利率 2% 的利息是 16 元，所以利率 14% 的利息是 112 元。

本金 360 元的利息是:

$$112\text{ 元} \times \frac{360}{100} = 403.2\text{ 元。}$$

这些例题都是很简明的，真是“运用之妙，存乎一心”了！

二十六　这要算不可能了

“从来没有碰过钉子，今天却要大碰特碰了。”马先生这一课这样开始，“在上次讲正比例时，我们曾经讲过这样的例子：一个数和它的平方数，1 和 1、2 和 4、3 和 9、4 和 16……都是同时变大、变小，但它们不成正比例。你们试把它画出来看看。”

真是碰钉子了！我用横线表示数，纵线表示平方数，先得 *A*、*B*、*C*、*D* 四点，依次表示 1 和 1，2 和 4，3 和 9，4 和 16，它们不在一条直线上。这还有什么办法呢？我索性把表示 5 和 25、6 和 36、7 和 49、8 和 64、9 和 81、10 和 100 的点 *E*、*F*、*G*、*H*、*I*、*J* 都画了出来，如图 26-1 所示。真糟！简直看不出它们是在一条什么线上！

问题本来很简单，只是这些点好像是在一条弯曲的线上，是不是？成正比例的数或量，用点表示，这些点就在一条直线上。为什么不成正比例的数或量，用点表示，这些点就不在一条直线上呢？

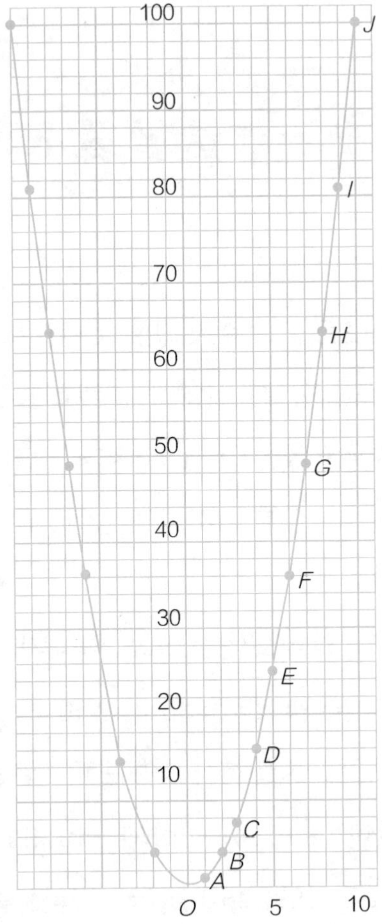

图 26-1　这是一条抛物线

对于这个问题，马先生说本题的曲线叫作抛物线。本来左边还有和它成线对称的一半，但在算术上用不到它。

“现在，我们谈到反比例的问题了，且来举一个例子看。”

这个例子是周学敏提出的：

3 个人 16 天做完的工程，6 个人几天做完？

不用说，单凭心算，我也知道只要 8 天。

马先生叫我们画图。我用纵线表示天数，横线表示人数，得 *A* 和 *B* 两点，把它们连成一条直线，如图 26-2 所示。奇怪！这条纵线和横线交在 9，明明是表示 9 个人做这工程就不要天数了！这成什么话？哪怕是很小的工程，由 10 万人去做，也不能不费去一点儿时间呀！又碰钉子了！马先生似乎已经察觉到我正在受窘，向我警告：

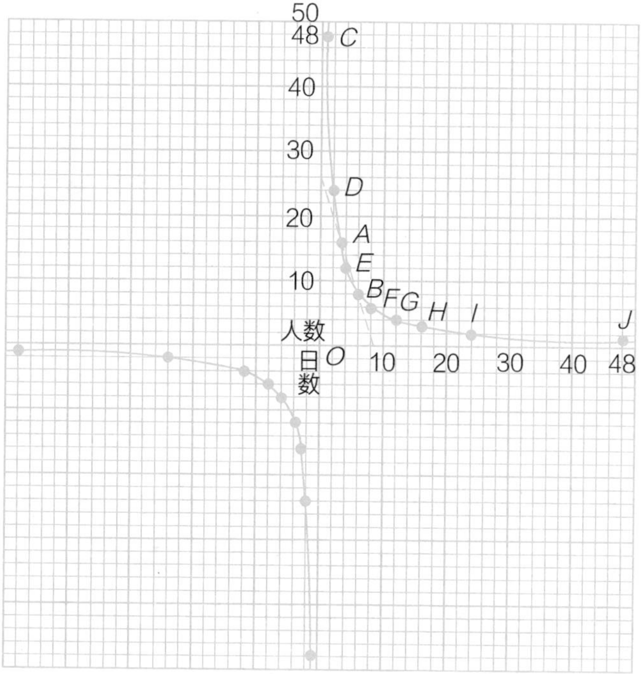

图 26-2　这要算不可能了

“小心呀！多画出几个点来看。”

我就老老实实地，先算出下面的表，再把各个点都写出来，如表 26-1 所示。

表 26-1　由图 26-2 得来的数据表

人数	1	2	3	4	6	8	12	16	24	48
天数	48	24	16	12	8	6	4	3	2	1
点	*C*	*D*	*A*	*E*	*B*	*F*	*G*	*H*	*I*	*J*

还有什么可说呢？*C*、*D*、*E*、*F*、*G*、*H*、*I*、*J* 这 8 个点，没有一个点在直线 *AB* 上。它们又成一条抛物线了，我想。

但是，马先生说，这和抛物线不一样，它叫双曲线。他还说，假如我们画图的纸是一个方方正正的田字形，纵线是田字中间的一竖，横线是田字中间的一横，这条曲线只在田字的右上一个方块里，那么在田字左下的一个方块里，还有和它成点对称的一条线。原来，抛物线只有 1 条，双曲线却有两条，田字左下方块里一条，也是算术里用不到的。

虽然碰了两次钉子，但又知道了两种线，倒也合算啊！

“无论是抛物线还是双曲线，都不是单靠一把尺子和一个圆规能够画出来的。关于这类问题，现在要用画图法来解决，我们只好宣告无能为力了！”马先生说。

停了两分钟，马先生又提出下面的一个题，叫我们画图：

2 的平方是 4，立方是 8，四次方是 16……用线表示出来。

马先生今天大概是存心捉弄我们，这个题的线，我已知道不是直线了。我画了 A、B、C、D、E、F 六点，依次表示 2 的一次方 2、平方 4、立方 8、四次方 16、五次方 32、六次方 64，如图 26-3 所示。果然它们不在一条直线上，但连结它们所成的曲线，既不像抛物线，又不像双曲线，不知道又是一种什么线了！

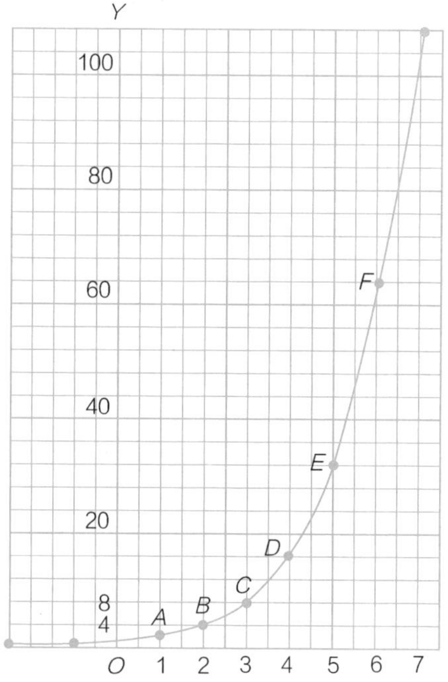

图 26-3　这是一条指数曲线

我们原来都只画了 OY 这条纵线右边的一段，左边拖的一节尾巴是马先生加上去的。马先生说，这条尾巴可以无限拖长，越长越和横线相近，但无论怎样，永远不会和它相交。在算术中，这条尾巴也是用不到的。

这种曲线叫指数曲线。

“要表示复利息，就用得到这种指数曲线。”马先生说，“所以，要用老方法来处理复利息的问题，只有碰钉子。”马先生还画了一张表示复利息的图（见图 26-4）给我们看。它表示了本金 100 元，一年一期，10 年中，年利率 2 厘、3 厘、4 厘、5 厘、6 厘、7 厘、8 厘、9 厘和 1 分的各种利息。

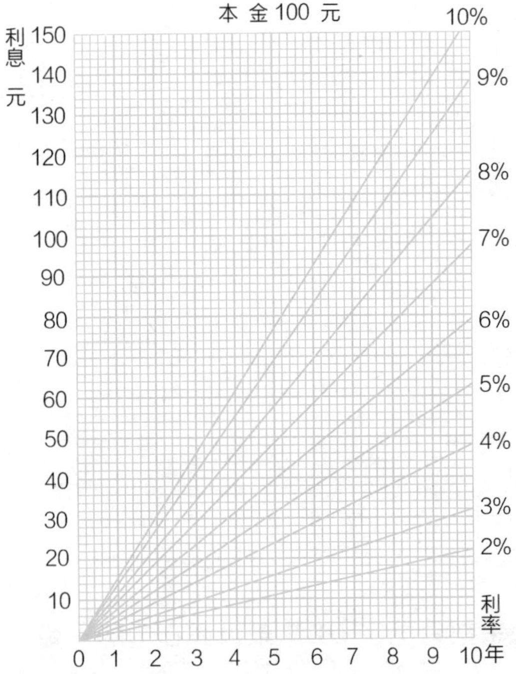

图 26-4 这是一张表示复利息的图

二十七 大半不可能的复比例

关于这类题目，马先生说，有大半是不能用作图法解决的，这当然毫无疑问。反比例的题，既然已不免碰钉子，复比例中含有反比例的，自然也是此路不通了。就是不含有反比例，复比例中总含有 3 个以上的量，倘若不能像第十二节中归一法的例子那样化繁为简，便也会手足无措。

对于复比例中的题目，有时我们不大想得通，所以请求马先生再给我们一些指导。马先生答应了我们，叫我们提出问题来。以下的问题全是我们提出的。

例一：同一件事，24 人合做，每天做 10 小时，15 天可做完；60 人合做，每天少做 2 小时，几天可以做完？

一个同学提出这个题，马先生想了一下，说：

“我知道，你感到困难是因为这个题目转了一个小弯儿。你试将题目所给的条件列表看一看。”

他依马先生的话，列成表 27-1。

表 27-1　复比例问题例一数据表

人数	每天做的时数	天数
24	10	15
60	少 2	?

“由这个表看来，有多少数还不知道？”马先生问。

“两个，第二次每天做的时数和天数。”他答道。

“问题的关键就在这一点。”马先生说，“一般的比例题，都是只含有一个未知数的。但你们要注意，比例所处理的都是和两个数量的比有关的事项。只不过在复比例中，有关的比多几个而已。所以题目中若含有和比无关的条件，这就超出了范围，应当先将它处理好。即如本题，第二次每天做的时数，题上说的是少 2 小时，就和比没有关系。第一次，每天做 10 小时，第二次每天少做 2 小时，做的是几小时？”

“10 小时少 2 小时，那便是 8 小时。”周学敏回答。

这样一来，当然毫无疑问了。

$$\left.\begin{array}{l}\text{反}\quad 60\text{人}:24\text{人}\\ \text{反}\quad 8\text{小时}:10\text{小时}\end{array}\right\}=15\text{天}:x\text{天}$$

$$x\text{天}=\frac{15\text{天}\times 24\times 10}{60\times 8}=7\frac{1}{2}\text{天}$$

例二：一本书原有 810 页，每页 40 行，每行 60 字。重印时，若每页增加 10 行，每行增加 12 字，页数可减少多少？

这个问题，虽然表面上看起来复杂一点儿，但实际上和前例是一样的。马先生叫一个学生先找出第二次每页的行数——40 加 10，是 50，每行的字数——60 加 12，是 72，再求第二次的页数。

$$\left.\begin{array}{l}\text{反}\quad 50\text{行}:40\text{行}\\ \text{反}\quad 72\text{字}:60\text{字}\end{array}\right\}=810\text{页}:x\text{页}$$

$$x\text{页}=\frac{810\text{页}\times 40\times 60}{50\times 72}=540\text{页}$$

要求可减少的页数，这当然不是比例的问题，810 页改成 540 页，可减少 270 页。

例三：从 A 处到 B 处，一般情况下 6 时可到。现在将路程减 1/4，速度增加 $\frac{1}{2}$ 倍，什么时候可到达？

这个题，从前我不知从何下手，做完前两个例题后，现在我懂得了。

原来的路程，就算它是 1，后来减 1/4，当然是 $\frac{3}{4}$。

原来的速度也算它是 1，后来增加 $\frac{1}{2}$ 倍，便是 $1\frac{1}{2}$。

$$\left.\begin{array}{l}\text{正}\quad 1:\dfrac{3}{4}\\ \text{反}\quad 1\dfrac{1}{2}:1\end{array}\right\}=6\text{时}:x\text{时}$$

x时 = 3时

例四：狗走 2 步的时间，兔可走 3 步；狗走 3 步的长，兔需走 5 步。狗 30 分钟所走的路，兔需走多少时间？

马先生说，“这题包含时间——步子的快慢——和空间——步子和路的长短。只要注意判定正反比例就行了。第一，狗走 2 步的时间，兔可走 3 步，哪一个快？”

“兔快。”一个同学说。

“那么，狗走 30 分钟的步数，让兔来走，需要多长时间？”

“肯定少于 30 分钟！”周学敏回答。

“这是正比例还是反比例？”

“反比例！步数一定，走的快慢和时间成反比例。”王有道回答。

“再来看，狗走 3 步的长，兔要走 5 步。狗走 30 分钟的步数，兔走的话时间会怎样？”

“会多些。”我回答。

“这是正比例还是反比例？”

“反比例！距离一定，步子的长短和步数成反比例，也就同时间成反比例。”还是王有道回答。

这样就可得：

$$\left.\begin{matrix}\text{反}\quad 3:2\\ \text{正}\quad 3:5\end{matrix}\right\} = 30\text{分钟} : x\text{分钟}$$

$$x\text{分钟}=\frac{30\text{分钟}\times 2\times 5}{3\times 3}=33\frac{1}{3}\text{分钟}$$

例五：牛车、马车运输力量的比为 8 : 7，速度的比为 5 : 8。以前用牛车 8 辆，马车 20 辆，于 5 天内运 280 袋米到 1 里半的地方。现在用牛车、马车各 10 辆，于 10 天内要运 350 袋米，求能运多少距离。

这题是周学敏提出的，马先生问他：

“你觉得难点在什么地方？”

“有牛又有马，有从前运输的情形，又有现在运输的情形，关系比较复杂。”周学敏回答。

“你太执着了，为什么不分开来看呢？”马先生接着又说，“你们要记好两个基本原则：一个是不相同的量不能相加减；还有一个是不相同的量不能相比。本题就运输力量来说有牛车又有马车，既然它们不能并成一个力量，也就不能相比了。”停了一阵，他又说：

“所以，这个题应当分成两段看：‘牛车、马车运输力量的比为 8 : 7，速度的比为 5 : 8。以前用牛车 8 辆、马车 20 辆，现在用牛车、马车各 10 辆’这算一段。又从‘以前用牛车 8 辆’，到最后又算一段。现在先解决第一段，变成都用牛车或马车，我们就都用牛车吧。马车 20 辆和 10 辆各合多少辆牛车？”

这比较简单，力量的大小与速度的快慢对于所用的车辆都是成反比例的关系。

$$\left.\begin{matrix} 8:7 \\ 5:8 \end{matrix}\right\} = 20\text{辆} : x\text{辆}$$

$$20\text{ 辆马车的运输力} = \frac{20\times7\times8}{8\times5}\ 28\text{ 辆牛车的运输力；}$$

那么，10 辆马车的运输力 =14 辆牛车的运输力

我们得出这个结论后，马先生说："现在题目的后一段可以改个样：以前用牛车 8 辆和 28 辆……现在用牛车 10 辆和 14 辆……"

当然，到这一步，又是笨法子了。

$$\left.\begin{matrix} \text{正}\ (8+28)\text{辆}:(10+14)\text{辆} \\ \text{正}\ \ 5\text{天}:10\text{天} \\ \text{反}\ \ 350\text{袋}:280\text{袋} \end{matrix}\right\} = 1\frac{1}{2}\text{里} : x\text{里}$$

$$x\text{里} = \frac{1\frac{1}{2}\text{里}\times(10+14)\times10\times280}{(8+28)\times5\times350} = \frac{\frac{3}{2}\text{里}\times24\times10\times280}{36\times5\times350}$$

$$= \frac{3\text{里}\times12\times10\times280}{36\times5\times350} = 1\frac{3}{5}\text{里}$$

例六：大工 4 人，童工 6 人，工作 5 天，工资共 51 元 2 角。后来有童工 2 人休息，用大工 1 人代替，工作 6 天，工资共多少？（大工 1 人 2 天的工资和童工 1 人 5 天的工资相等。）

这个题和前题一样，是马先生出给我们的，大概是要我们

重复一次前题的算法吧！

先就工资说，将童工化成大工，这是一个正比例：

$$5天:2天=6人:x人 \qquad x人=\frac{12}{5}人$$

这就是说 6 个童工 1 天的工资和 $\frac{12}{5}$ 个大工 1 天的工资相等。后来少去 2 个童工只剩 4 个童工，他们的工资和 $\frac{8}{5}$ 个大工的相等，由此得：

$$\left.\begin{array}{ll}正 & \left(4+\frac{12}{5}\right)大工:\left(4+\frac{8}{5}+1\right)大工 \\ 正 & 5:6\end{array}\right\}=51.2元:x元$$

$$x元=\frac{51.2元\times\left(4+\frac{8}{5}+1\right)\times 6}{\left(4+\frac{12}{5}\right)\times 5}=\frac{51.2元\times\frac{33}{5}\times 6}{\frac{32}{5}\times 5}$$

$$=\frac{51.2元\times 33\times 6}{32\times 5}=63.36元$$

复比例一课就这样完结了。

二十八 物物交换

例一：4升酒可换3斤茶，5斤茶可换12升米，那么9升米可换酒多少？

马先生写好了题，问道：

“这样的题，在算术中属于哪一部分？”

“连比例。”王有道回答。

“连比例是怎么回事，你能简单说明吗？”

“是由许多简比例连合起来的。”王有道回答。

“这也是一种说法。照这种说法，你把这个题做出来看看。”

下面就是王有道做的：

（1）简比例的算法：

$$12\text{升米}:9\text{升米}=5\text{斤茶}:x\text{斤茶},\quad x\text{斤茶}=\frac{5\text{斤茶}\times 9}{12}=\frac{15}{4}\text{斤茶}$$

$$3\text{斤茶}:\frac{15}{4}\text{斤茶}=4\text{升酒}:x\text{升酒},\ x\text{升酒}=\frac{4\text{升酒}\times\frac{15}{4}}{3}=5\text{升酒}$$

（2）连比例的算法：

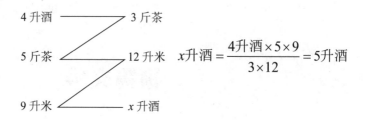

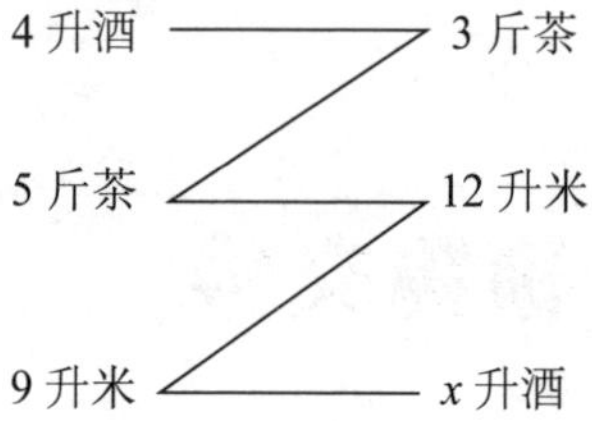

$$x\text{升酒}=\frac{4\text{升酒}\times5\times9}{3\times12}=5\text{升酒}$$

这两种算法，其实只有繁简和顺序不同。王有道为了说明它们相同，还把（1）中的第四式写成这样：

$$x\text{升酒}=\frac{4\text{升酒}\times\frac{5\times9}{12}\left(\text{即}\frac{15}{4}\right)}{3}=\frac{4\text{升酒}\times5\times9}{3\times12}=5\text{升酒}$$

它和（2）中的第二式完全一样。

马先生对于王有道的做法很满意，但他说："连比例也可以说是两个以上的量相连续而成的比例，不过这和算法没有什么关系。"

"连比例的题能用画图法来解吗？"我想着，因为它是一些简比例合成的，应该可以。但一方面又想到，它所含的量在 3 个以上，恐怕未必行，因而不能断定，索性向马先生请教。

"可以！"马先生斩钉截铁地回答，"而且并不困难。你就用这个例题来画画看吧。"

如图 28-1 所示，先依照 4 升酒 3 斤茶这个比，用纵线表示酒，横线表示茶，画出 *OA* 线，然后我就画不下去了。米用哪条线表示呢？马先生看看这个，又看看那个：

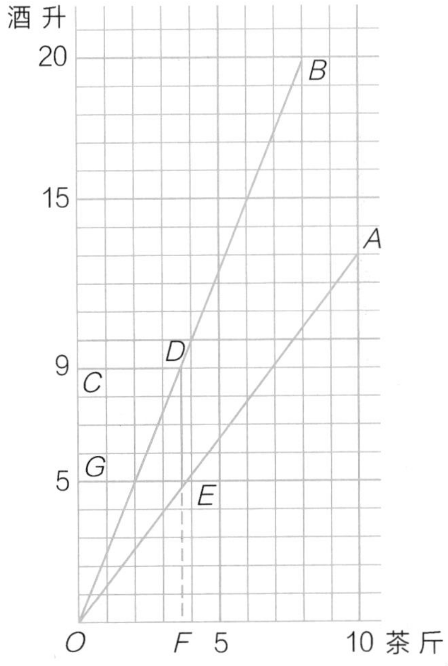

图 28-1 例一图解

“怎么又犯难了！买醋的钱买不了酱油吗？你们个个都可以成牛顿了，大猫走大洞，小猫一定要走小洞，是吗？——纵线上，现在你们的单位是升，一只升子[1]量了酒就不能量米吗？”

这明明是在告诉我们，可以用纵线表示米，依照 5 斤茶可换 12 升米的比，我画出了 *OB* 线。我们画完以后，马先生巡视了一周，才说：

1 量粮食的器具，容量为一升。

“问题的要点在后面，怎样找出答数来呢？——说破了，也不难。9 升米可换多少茶？”

我们从纵线上的 C（表示 9 升米），横看到 OB 上的 D（茶、米的比），往下看到 OA 上的 E（茶、酒的比），再往下看到 F（茶 $\frac{15}{4}$ 斤）。

“茶的斤数，就题目说，是没有用处的。”马先生说，“你们由茶和酒的关系，再看‘过’去。”

“过”字说得特别响。我就由 E 横看到 G，它指着 5 升，这就是所求酒的升数了。

例二：3 升酒的价钱等于 2 斤茶的价钱；3 斤茶的价钱等于 4 斤糖的价钱；5 斤糖的价钱等于 9 升米的价钱。1 斗[1]酒可换多少米？

“举一反三。”马先生写了题说，“这个题不过比前一题多一个弯儿，你们自己做吧！”

如图 28-2 所示，我先取纵线表示酒，横线表示茶，依酒 3 茶 2 的比例画 OA 线。又取纵线表示糖，依茶 3 糖 4 的比例画 OB 线。再取横线表示米，依糖 5 米 9 的比例画 OC 线。

最后，从纵线 10——1 斗酒——横着看到 OA 上的 D，酒

1　一斗为十升。

就换了茶。由 D 往下看到 OB 上的 E，茶就换了糖。由 E 横看到 OC 上的 F，糖依然一样多，但由 F 往下看到横线上的 16，糖已换了米——1 斗酒换 1 斗 6 升米。

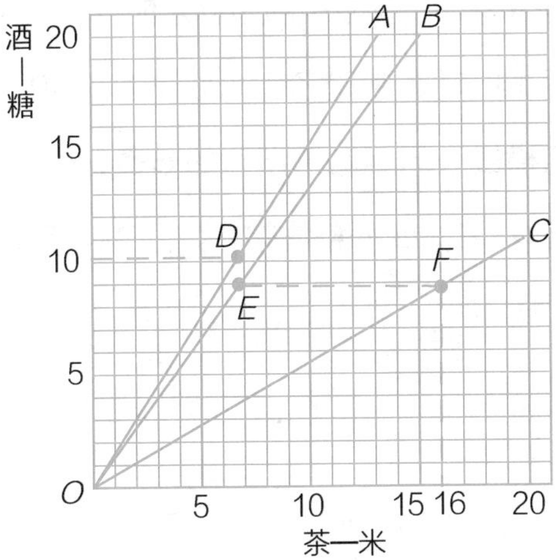

图 28-2　例二图解

按照连比例的算法：

3 升酒 —— 2 斤茶

3 斤茶 —— 4 斤糖

5 斤糖 —— 9 升米

x 升米 —— 10 升酒

$$x\text{升米}=\frac{9\text{升米}\times 10\times 4\times 2}{5\times 3\times 3}=16\text{升米}$$

结果当然完全相同。

例三：甲、乙、丙三人赛跑，100 步内，乙负甲 20 步；180 步内，乙胜丙 15 步；150 步内，丙负甲多少步？

本题也含有不是比例的条件，所以应当先改变一下。“100 步内，乙负甲 20 步”，就是甲跑 100 步时，乙只跑 80 步；“180 步内，乙胜丙 15 步”，就是乙跑 180 步时，丙只跑 165 步。照这两个比，取横线表示甲和丙所跑的步数，纵线表示乙所跑的步数，我画出 *OA* 和 *OB* 两条线来，如图 28-3 所示。

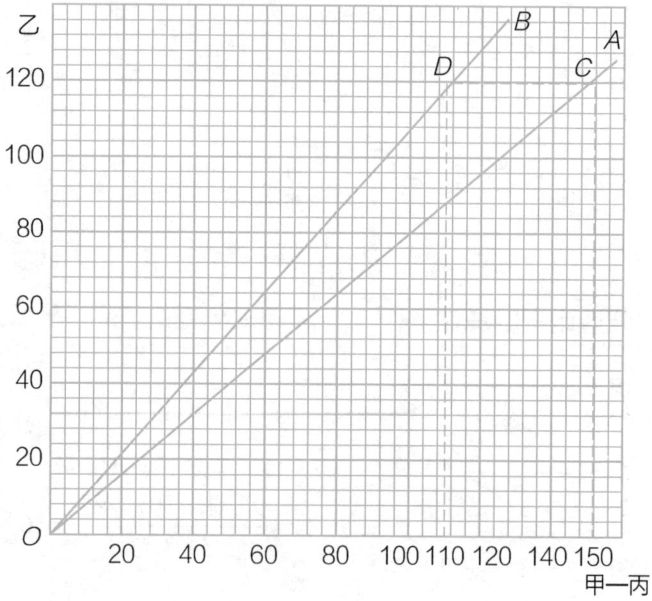

图 28-3　例三图解

由横线上 150——甲跑的步数——往上看到 *OA* 线上的 *C*——它指明甲跑 150 步时，乙跑 120 步——再由 *C* 横看到 *OB*

线上的 D，由 D 往下看，横线上的 110 就是丙所跑的步数。从 110 到 150 相差 40，便是丙负甲的步数。

计算方法是这样的：

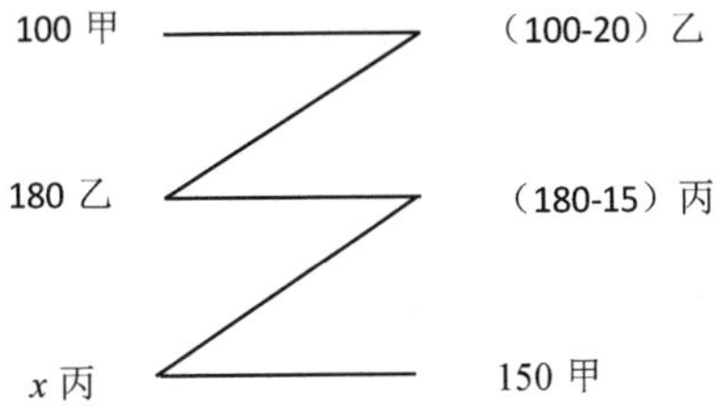

$$x=\frac{(100步-20步)\times(180步-15步)\times150步}{100步\times180步}=\frac{80步\times165步\times150步}{100步\times180步}$$

$$=110步$$

150 步 − 110 步 = 40 步

例四：甲、乙、丙三人速度的比，甲和乙是 3∶4，乙和丙是 5∶6。丙 20 小时所走的距离，甲需走多长时间？

“这个题目当然很容易，但需注意走一定距离所需的时间和速度是成反比例的。”马先生警告我们。

因为这个警告，我们便知道，甲和乙速度的比是 3∶4，则它们走相同的距离，所需的时间的比是 4∶3；同样地，乙和丙走相同的距离，所需的时间的比是 6∶5。至于作图的方法，和前一题相同。最后由横线上的 20 表示时间，直上到 OB 线的 C，由 C 横过去到 OA 上的 D，由 D 直下到横线上的 32，如图 28-4

所示。它告诉我们，甲需走 32 小时。

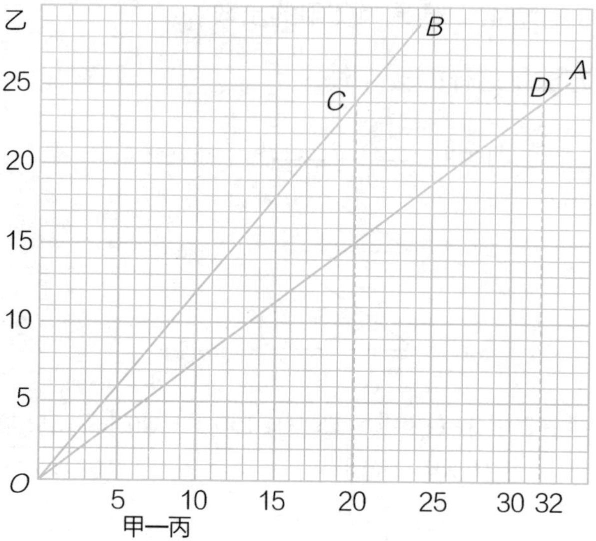

图 28-4　例四图解

计算的方法是：

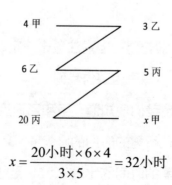

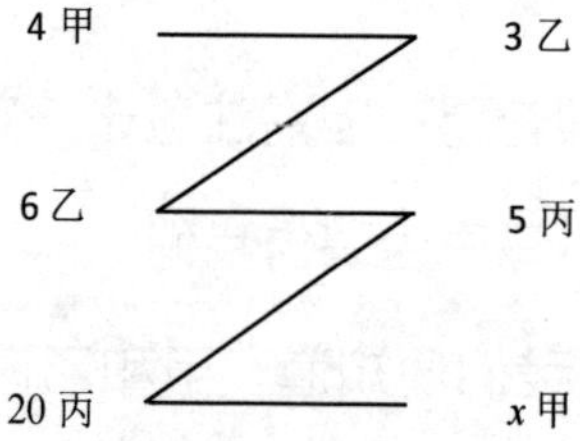

$$x=\frac{20\text{小时}\times 6\times 4}{3\times 5}=32\text{小时}$$

二十九　按比分配

例一：大小两数的和为 20，小数除大数得 4，大小两数各是多少？

“马先生！这个题已经讲过了！”周学敏还不等马先生将题写完，就喊了起来。不错，第四节的例二便是这道题。难道马先生忘了吗？不！我想他一定有别的用意，故意来这么一下。

“已经讲过的？很好！你就照已经讲过的作图来看看。”马先生叫周学敏将图作在黑板上。

“好！图 29-1 作得不错！”周学敏作完回到座位上的时候，马先生说，“现在你们看一下，OD 这条线是表示什么的？”

“表示倍数一定的关系，大数是小数的 4 倍。”周学敏今天不知为什么特别高兴，比平日还喜欢说话。

“我说，它表示比一定的关系，对不对？”马先生问。

“自然对！大数是小数的 4 倍，也可说是大数和小数的比是 4 : 1，或小数和大数的比是 1 : 4。”王有道抢着回答。

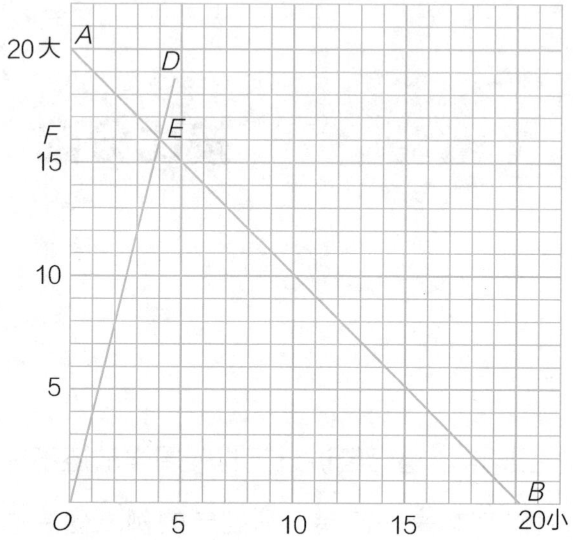

图 29-1　例一图解

“好！那么，这个题……”马先生说着在黑板上写：

——依照 4 和 1 的比将 20 分成大小两个数，各是多少？

“这个题，在算术中，属于哪一部分？”

“配分比例。”周学敏又很快地回答。

“它和前一个题在本质上是不是一样的？”

“一样的！”我说。

这一来，我们当然明白了，配分比例问题的作图法，和四则问题中的这种题的作图法根本上是一样的。

例二：4 尺长的线，依照 3 : 5 的比例分成两段，各长多少？

如图 29-2 所示，*AB* 表示和一定，4 尺。*OC* 表示比一定，3 : 5。*FD* 等于 *OE*，等于 1 尺半；*ED* 等于 *OF*，等于 2 尺半。它们的和是 4 尺，比正好是：

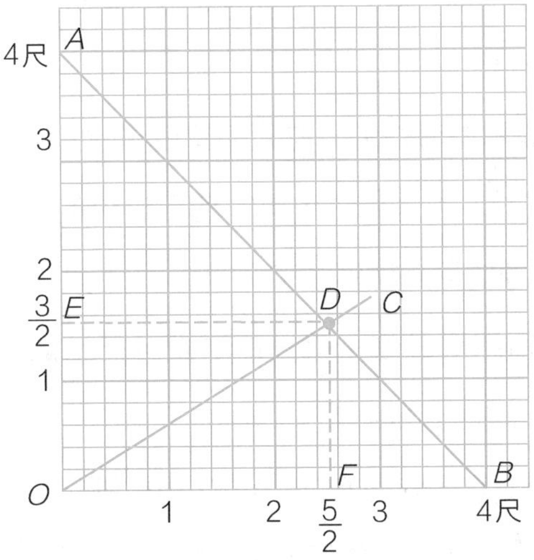

图 29-2 例二图解

$$1\frac{1}{2} : 2\frac{1}{2} = \frac{3}{2} : \frac{5}{2} = 3 : 5$$

算术上的计算法，比起作图法来，实在要复杂一些：

$$(3+5) : 3 = 4\text{尺} : x_1\text{尺}, \quad x_1\text{尺} = \frac{4\text{尺} \times 3}{3+5} = \frac{12\text{尺}}{8} = 1\frac{1}{2}\text{尺}。$$

$$(3+5) : 5 = 4\text{尺} : x_2\text{尺}, \quad x_2\text{尺} = \frac{4\text{尺} \times 5}{3+5} = \frac{5\text{尺}}{2} = 2\frac{1}{2}\text{尺}。$$

“这道题还有别的画法吗？”马先生在大家做完以后，忽然提出这个问题。

没有人回答。

“你们还记得用几何画法中的等分线段法来做除法题吗？”听马先生这么一说，我们自然想起第二节所说的了。他接着又说：

“比是可以看成分数的，这我们早就讲过。分数可看成若干小单位集合成的，不是也讲过吗？把已讲过的 3 项合起来，我们就可得出本题的另一种做法了。

“你们不妨用横线表示被分的数量 4 尺，然后将它等分成 (3 + 5) 段。”马先生这样吩咐。

我们照第二节所说的方法，过 O 任意画一条线，马先生看了立刻批评说：“这真是食而不化，依样‘画瓢’，未免小题大做。”他指示我们把纵线当要画的线，更是省事。

真的，如图 29-3 所示，我先在纵线上取 OC 等于 3，再取 CA 等于 5。连结 AB，过 C 作 CD 和它平行，这实在简捷得多。OD 正好等于 1 尺半，DB 正好等于 2 尺半。结果不但和图 29-2 相同，而且算式也更简单些，即如：

$$\begin{matrix}(3 & + & 5) & : & 3 & = & 4\text{尺} & : & x_1\text{尺}\\ \vdots & & \vdots & & \vdots & & \vdots & & \vdots\\ OC & & CA & & OC & & OB & & OD\end{matrix}$$

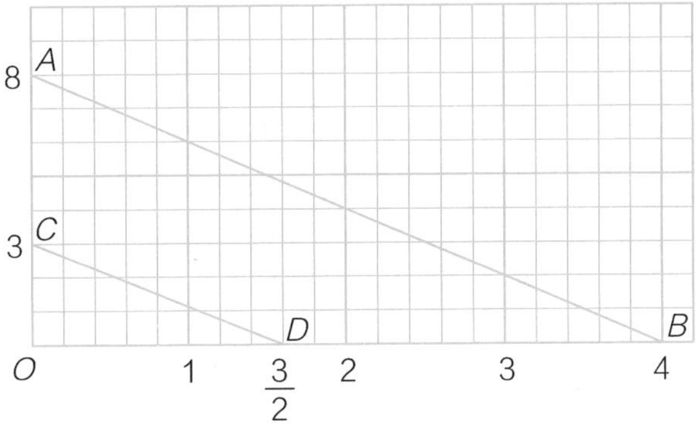

图 29-3　例二的另一种图解

例三：把 96 分成 3 份：第一份是第二份的 4 倍，第二份是第三份的 3 倍，各是多少？

这题比前一题复杂一点儿，照前题的方法做应当是不难的。但作图时，我却感到了困难。如图 29-4 所示，表示和一定的线 *AB* 当然毫无疑问可以作，但表示比一定的线呢？我们所作过的，都是表示单比的，现在是连比呀！第一、二、三份的连比为 12∶3∶1，这怎么画线表示呢？

马先生见我们无从下手，充满疑惑，突然笑了起来，问道：

“你们读过《三国演义》吗？它的头一句是什么？”

“话说，天下大势，分久必合，合久必分……”一个被我们称为小说家的同学说。

“运用之妙，存乎一心。现在就用得到一分一合了。先把第二、三两份合起来，第一份与它的比是什么？”

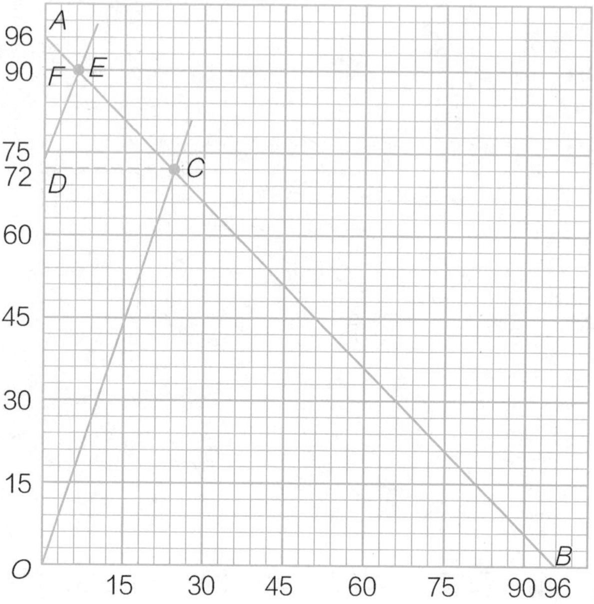

图 29-4　例三图解

"12 : 4，等于 3 : 1。"周学敏回答。

依照这个比，我画 *OC* 线，得出第一份 *OD* 是 72。以后呢？又没办法了。

"刚才是分而合，现在就当由合而分了。*DA* 所表示的是什么？"马先生问。

自然是第二、三份的和。为什么一下子就迷惑了呢？为什么不会想到把 *A*、*E*、*C* 当成独立的看，作 3 : 1 来分 *AC* 呢？照这个比，作 *DE* 线，得出第二份 *DF* 和第三份 *FA*，各是 18 和 6。72 是 18 的 4 倍，18 是 6 的 3 倍，岂不是正合题吗？

本题的算法很简单，我不写了。但用第二种方法作图更简明些，所以我把它作了出来。不过我先作的图和图 29-3 的形式是一样的，如图 29-5 所示，*OD* 表示第一份，*DF* 表示第二份，*FB* 表示第三份。后来王有道与我讨论了一番，依 1∶3∶12 的比，作 *MN* 和 *PQ* 同 *CD* 平行，用 *ON* 和 *OQ* 分别表示第三份和第二份，它们的数目，一眼望去就明了了。

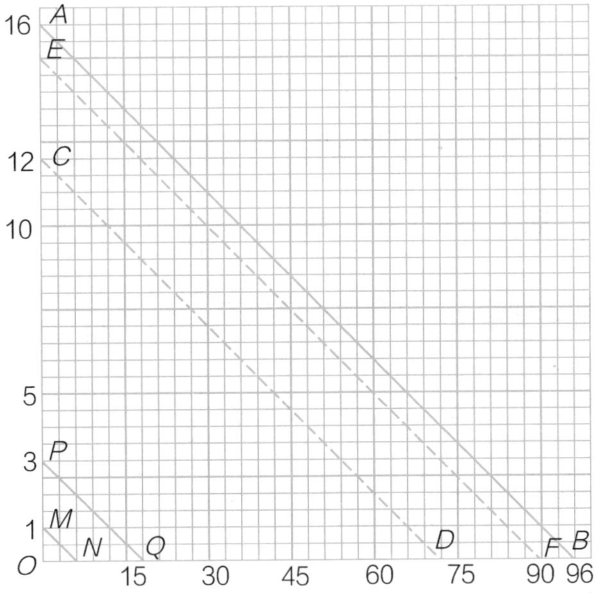

图 29-5　例三更简明的图解

例四：甲、乙、丙 3 人合买一块地，各人应有地的比是 $1\frac{1}{2}$ ∶ $2\frac{1}{2}$ ∶ 4。后来甲买进丙所有的 $\frac{1}{3}$，而卖 1 亩给乙，甲和丙所有的地就相等了。求各人原有地多少？

虽然这个题的弯子绕得比较多，但马先生说，对付繁杂的题目，最要紧的是化整为零，把它分成几步去做。马先生叫王有道做这个分析工作。

王有道说：

“第一步，把三个人原有地的连比化得简单些，就是：

$1\frac{1}{2}:2\frac{1}{2}:4=\frac{3}{2}:\frac{5}{2}:4=3:5:8$。”

接着他说：

“第二步，要求出地的总数，这就要替他们清一清账了。对于总数说，因为 3+5+8=16，所以甲占 $\frac{3}{16}$，乙占 $\frac{5}{16}$，丙占 $\frac{8}{16}$。

“丙卖去他的 $\frac{1}{3}$，就是卖去总数的 $\frac{8}{16}\times\frac{1}{3}=\frac{8}{48}$，

“他剩的是自己的 $\frac{2}{3}$，等于总数的 $\frac{8}{16}\times\frac{2}{3}=\frac{16}{48}$。

“甲原有总数的 $\frac{3}{16}$，再买进丙卖出的总数的 $\frac{8}{48}$，就是总数的 $\frac{3}{16}+\frac{8}{48}=\frac{9}{48}+\frac{8}{48}=\frac{17}{48}$。

“甲卖去 1 亩便和丙的相等，这就等于说，甲若不卖这 1 亩，比丙多 1 亩。

“好，这一来我们就知道，总数的 $\frac{17}{48}$ 比它的 $\frac{16}{48}$ 多 1 亩。所

以总数是：$1亩 \div \left(\dfrac{17}{48}-\dfrac{16}{48}\right)=1亩 \div \dfrac{1}{48}=48亩$ 。

这以后，就算王有道不说，我也知道了：

$$
\begin{array}{rcl}
 & 3 & \quad\quad x_1亩 \\
16: & 5 & =48亩: x_2亩 \\
 & 8 & \quad\quad x_3亩
\end{array}
$$

$$x_1亩=\frac{48亩\times 3}{16}=9亩\text{（甲）}$$

$$x_2亩=\frac{48亩\times 5}{16}=15亩\text{（乙）}$$

$$x_3亩=\frac{48亩\times 8}{16}=24亩\text{（丙）}$$

虽然结果已经算出来了，马先生还叫我们用作图法来做一次。

我决定用前面王有道同我讨论所得的形式。

如图 29-6 所示，横线表示地亩。

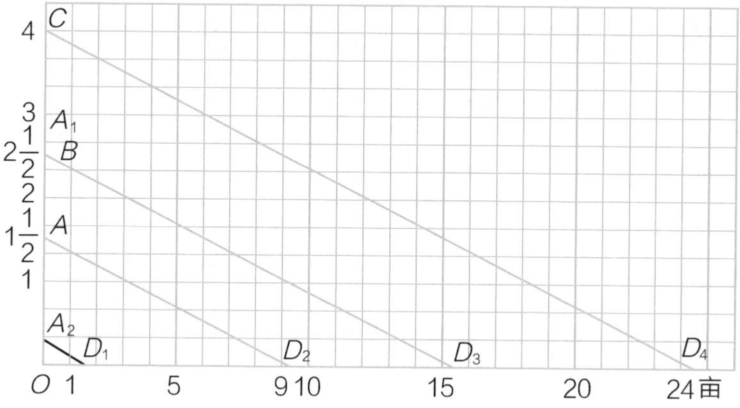

图 29-6　例四图解

纵线：OA 表示甲所占的比例 $1\frac{1}{2}$，OB 表示乙的比例 $2\frac{1}{2}$，OC 表示丙的比例 4。在 OA 上加 OC 的 $\frac{1}{3}$（4 小段）得 OA_1。从 A_1O 减去 OC 的 $\frac{1}{3}$（8 小段）得 OA_2，这就是后来甲卖给乙的。

连结 A_2D_1（OD_1 表示 1 亩），作 AD_2，BD_3 和 CD_4 与 A_2D_1 平行。OD_2 指 9 亩，OD_3 指 15 亩，OD_4 指 24 亩，它们的连比正是：

$9:15:24=3:5:8=1\frac{1}{2}:2\frac{1}{2}:4$

这样看起来，作图法要简捷些。

例五：甲工作 6 天，乙工作 7 天，丙工作 8 天，丁工作 9 天，其工价相等。现在甲工作 3 天，乙工作 5 天，丙工作 12 天，丁工作 7 天，共得工资 24 元 6 角 4 分，求每个人应得多少？

自然，只要先找出 4 个人各应得工资的连比就容易了。

我想，这是说得过去的，假设他们相等的工价都是 1，他们各人 1 天所得的工价便是 $\frac{1}{6}$、$\frac{1}{7}$、$\frac{1}{8}$、$\frac{1}{9}$。而他们应得的工价的比则为：

$$甲:乙:丙:丁=\frac{3}{6}:\frac{5}{7}:\frac{12}{8}:\frac{7}{9}=63:90:189:98$$

$$63+90+189+98=440$$

$$24.64元\times\frac{1}{440}=0.056元$$

0.056元×63＝3.528元（甲的工资）

0.056元×90＝5.04元（乙的工资）

0.056元×189＝10.584元（丙的工资）

0.056元×98＝5.488元（丁的工资）

本题若用作图法解，理论上当然毫无困难，但事实上要表示出 3 位小数来，也是不容易的！

三十　结束的一课

暑假快结束了，马先生今天要讲的是第 30 次课。全部算术中的重要题目，可以说十分之九都提到了。还有许多要点，是一般教科书上不曾讲到的。这个暑假，我过得最有意义。

今天，马先生提出了混合比例的问题。照一般算术教科书上的说法，混合比例问题可分成 4 类，马先生就按照这个顺序讲。

第一，求平均价。

例一：上等酒 2 斤，每斤 3 角 5 分；中等酒 3 斤，每斤 3 角；下等酒 5 斤，每斤 2 角。3 种相混，每斤值多少钱？

这又是已经讲过的——第 13 节——老题目，但周学敏这次却不开口了，他大概和我一样，正期待着马先生的花样翻新吧。

“这个题目，第 13 节已讲过，你们还记得吗？”马先生问。

“记得！”好几个人回答。

“现在，我们已掌握了比例的概念和它的表示法，不妨变个花样。”果然马先生要换一种方法了，“你们用纵线表示价钱，横线表示斤数，先画出正好表示上等酒 2 斤一共的价钱的线段。”

当然，这是非常容易的，我们画了线段 OA，如图 30-1 所示。

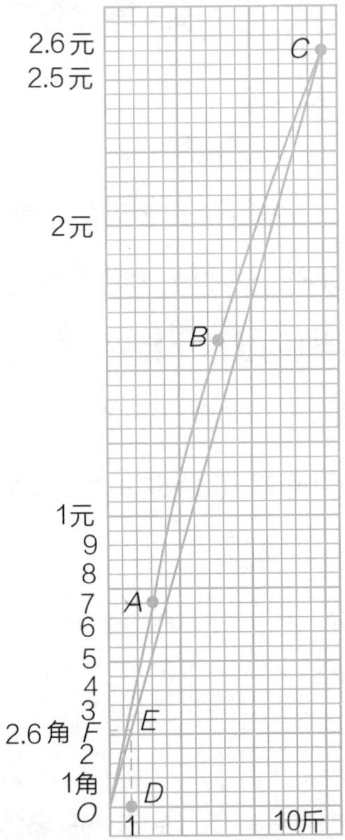

图 30-1　例一图解

“再从 A 起画表示中等酒 3 斤一共的价钱的线段。”

我们又作 AB。

“从 B 起画表示下等酒 5 斤一共的价钱的线段。”

那就是 BC 了。

“连结 OC。”我们照办了。

马先生问：“由 OC 看，3 种酒一共值多少钱？”

“2 元 6 角。”我说。

“一共几斤？”

“10 斤。”周学敏说。

“怎样找出 1 斤的价钱呢？”

“由指示 1 斤的 D 点，”王有道说，“画纵线和 OC 交于 E，由 E 横看得 F，它指出 1 斤的价钱是 2 角 6 分。”

“对的！这种做法并不比第 13 节所用的简单，不过对于以后的题目却比较适用。”马先生做了小小的总结。

第二，求混合比。

例二：上品茶每斤 1 元 2 角，下品茶每斤 8 角。现在要混成每斤 9 角 5 分的茶，应依照怎样的比例分配？

依照前面马先生所给的提示，我先做好表示每斤 1 元 2 角、每斤 8 角和每斤 9 角 5 分的三条线 OA、OB 和 OC，如图 30-2 所示。再将它和图 30-1 比较一下，我就想到将 OB 搬到 OC 的上面去，便是由 C 作 CD 平行于 OB。它和 OA 交于 D，由 D 往下到横线上得 E。

上品茶 : 下品茶 = $OE : EF = 9 : 15 = 3 : 5$

上品茶 3 斤 3 元 6 角，下品茶 5 斤 4 元，一共 8 斤价值 7

元 6 角，每斤正好 9 角 5 分。

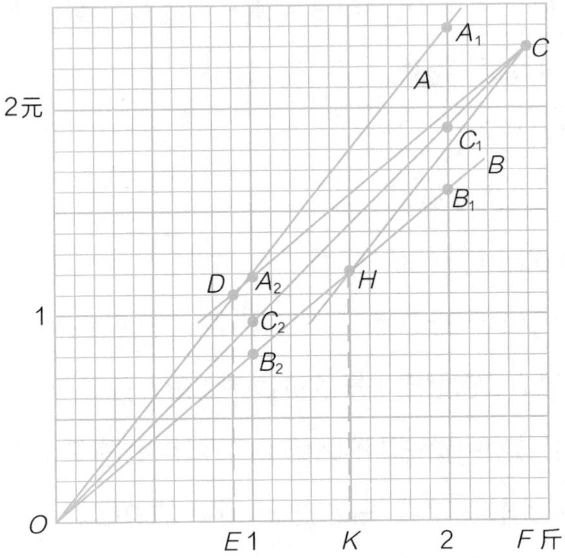

图 30-2　例二图解

自然，将 OA 搬到 OC 的下面也是一样的。即过 C 作 CH 平行于 OA，它和 OB 交于 H。由 H 往下到横线上，得 K。

下品茶 : 上品茶 = $OK : KF = 15 : 9 = 5 : 3$。

结果完全一样，不过顺序不同罢了。

其实这个比例由 A_1、C_1、B_1 和 A_2、C_2、B_2 的关系就可以看出来：

$$A_1C_1 : C_1B_1 = 5 : 3$$

$$A_2C_2 : C_2B_2 = 2\frac{1}{2} : 1\frac{1}{2} = \frac{5}{2} : \frac{3}{2} = 5 : 3$$

这种情形和算术上的计算法比较，更是有趣，如表 30-1 所示。

表 30-1　例二的数据表

平均价 0.95 元（OC）	原价	损益	混合比	
	上 1.20 元（OA）	−0.25 元（A_2C_2）	15（EF）	5（A_1C_1 或 A_2C_2）
	下 0.80 元（OB）	+0.15 元（B_2C_2）	9（OE）	3（C_1B_1 或 C_2B_2）

例三：有 4 种酒，每斤的价为：A，5 角；B，7 角；C，1 元 2 角；D，1 元 4 角。怎样混合，可成每斤 9 角的酒？

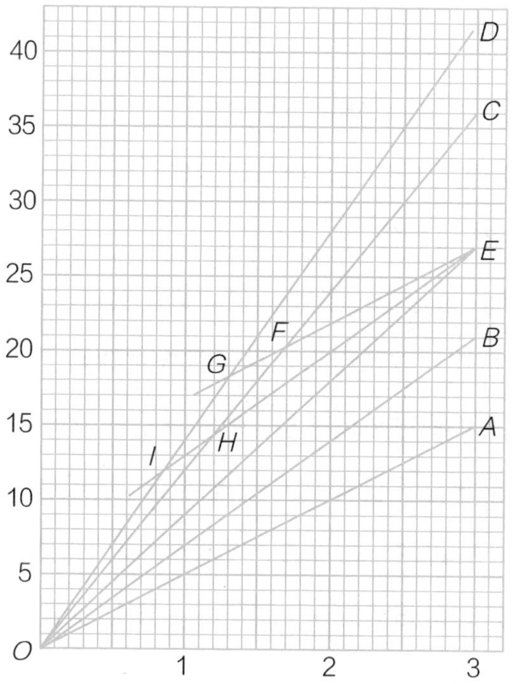

图 30-3　例三图解

作图是容易的，如图 30-3 所示，依每斤的价钱，画 OA、

OB、*OC*、*OD* 和 *OE* 5 条线。再过 *E* 作 *OA* 的平行线，和 *OC*、*OD* 交于 *F*、*G*。又过 *E* 作 *OB* 的平行线，和 *OC*、*OD* 交于 *H*、*I*。由 *F*、*G*、*H*、*I* 各点，相应地便可得出 *A* 和 *C*、*A* 和 *D*、*B* 和 *C*，以及 *B* 和 *D* 的混合比来。配合这些比，就可得出所求的数。因为配合的方法不同，形式也就各别了。

马先生说，本题由 *F*、*G*、*H*、*I* 各点去找 *A* 和 *C*、*A* 和 *D*、*B* 和 *C*，以及 *B* 和 *D* 的比，反不如看 *AE*、*BE*、*CE*、*DE* 来得简明。依照这个看法：

$AE=12$，$BE=6$，$CE=9$，$DE=15$。

因为只用到它们的比，所以可变成：

$AE=4$，$BE=2$，$CE=3$，$DE=5$。

再注意把它们的损益相消，就可以配合成了。

配合的方式，本题可有 7 种。马先生叫我们共同考察，将算术上的算法和图对照起来看，这实在是既切实又有趣的工作。本来，我们照笨法子计算，方法虽懂得，结果也不差，但心里总是模糊的。经过这一番探讨，才算一点儿不含糊了。

配合的方式可归结成 3 类若干种，分别写在下面：

（一）损益各取一个相配的，在图上，就是 *OE* 线的上（损）和下（益）各取一个相配。

（1）*A* 和 *D*、*B* 和 *C* 配，如表 30-2 所示。

表 30-2 例三分配方式（一）

	原价	损益	混合比
平均价 9 角（*OE*）	*A* 5 角（*OA*）	+4 角（*AE* 下）	5（*DE*）
	B 7 角（*OB*）	+2 角（*BE* 下）	3（*CE*）
	C 12 角（*OC*）	−3 角（*CE* 上）	2（*BE*）
	D 14 角（*OD*）	−5 角（*DE* 上）	4（*AE*）

（2）*A* 和 *C*、*B* 和 *D* 配，如表 30-3 所示。

表 30-3 例三分配方式（二）

	原价	损益	混合比
平均价 9 角（*OE*）	*A* 5 角（*OA*）	+4 角（*AE* 下）	3（*CE*）
	B 7 角（*OB*）	+2 角（*BE* 下）	5（*DE*）
	C 12 角（*OC*）	−3 角（*CE* 上）	4（*AE*）
	D 14 角（*OD*）	−5 角（*DE* 上）	2（*BE*）

（二）取损或益中的一个和益或损中的两个分别相配，其他一个损或益和一个益或损相配。

（3）*D* 和 *A*、*B* 各相配，*C* 和 *A* 配，如表 30-4 所示。

表 30-4 例三分配方式（三）

	原价	损益	混合比			
平均价 9 角	*A* 5 角	+4 角	5（*DE*）		3（*CE*）	8
	B 7 角	+2 角		5（*DE*）		5
	C 12 角	−3 角			4（*AE*）	4
	D 14 角	−5 角	4（*AE*）	2（*BE*）		6

（4）*D* 和 *A*、*B* 各相配，*C* 和 *B* 相配，如表 30-5 所示。

（5）*C* 和 *A*、*B* 各相配，*D* 和 *A* 相配，如表 30-6 所示。

（6）*C* 和 *A*、*B* 相配，*D* 和 *B* 相配，如表 30-7 所示。

表 30-5　例三分配方式（四）

	原价	损益	混合比			
平均价 9 角	*A* 5 角	+4 角	5（*DE*）			5
	B 7 角	+2 角		5（*DE*）	3（*CE*）	8
	C 12 角	−3 角			2（*BE*）	2
	D 14 角	−5 角	4（*AE*）	2（*BE*）		6

表 30-6　例三分配方式（五）

	原价	损益	混合比			
平均价 9 角	*A* 5 角	+4 角	3（*CE*）		5（*DE*）	8
	B 7 角	+2 角		3（*CE*）		3
	C 12 角	−3 角	4（*AE*）	2（*BE*）		6
	D 14 角	−5 角			4（*AE*）	4

表 30-7　例三分配方式（六）

	原价	损益	混合比			
平均价 9 角	*A* 5 角	+4 角	3（*CE*）			3
	B 7 角	+2 角		3（*CE*）	5（*DE*）	8
	C 12 角	−3 角	4（*AE*）	2（*BE*）		6
	D 14 角	−5 角			2（*BE*）	2

（三）取损或益中的每一个，都和益或损中的两个相配。

（7）*D* 和 *C* 各都同 *A* 和 *B* 相配，如表 30-8 所示。

表 30-8　例三分配方式（七）

<table>
<tr><th></th><th>原价</th><th>损益</th><th colspan="6">混合比</th></tr>
<tr><td rowspan="4">平均价 9 角</td><td>A 5 角</td><td>+4 角</td><td>5(DE)</td><td></td><td rowspan="2">3（CE）</td><td></td><td>8</td><td>4</td></tr>
<tr><td>B 7 角</td><td>+2 角</td><td></td><td>5(DE)</td><td rowspan="2">3（CE）</td><td>8</td><td>4</td></tr>
<tr><td>C 12 角</td><td>−3 角</td><td></td><td></td><td rowspan="2">4（AE）</td><td>6</td><td>3</td></tr>
<tr><td>D 14 角</td><td>−5 角</td><td>4(AE)</td><td>2(BE)</td><td>2（BE）</td><td>6</td><td>3</td></tr>
</table>

第三，求混合量——知道了全量。

例四：鸡、兔同一笼，共 19 个头，52 只脚，求各有几只？

这原是马先生说过——第 10 节——在混合比例中还要讲的。现在我已掌握它的算法了：先求混合比，再依照按比分配的方法，把总数分开就行。

且先画图吧。如图 30-4 所示，用纵线表示脚数，横线表示头数，*A* 就指出 19 个头同 52 只脚。

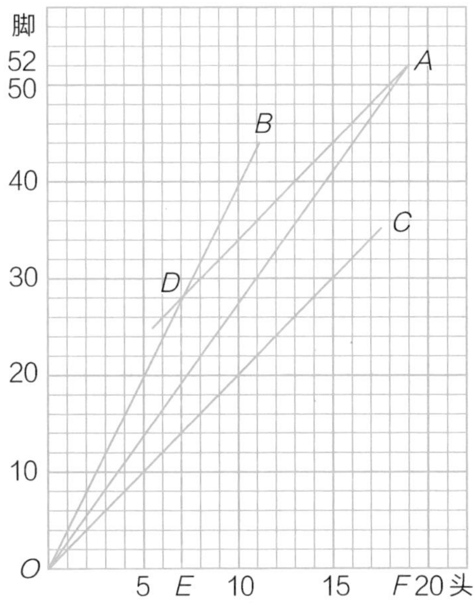

图 30-4 例四图解

连结 *OA* 表示平均的脚数，作 *OB* 和 *OC* 表示兔和鸡的数目。过 *A* 作 *AD* 平行于 *OC*，和 *OB* 交于 *D*。由 *D* 往下看到横线上，得 *E*。*OE* 指示 7，是兔的只数；*EF* 指示 12，是鸡的只数。

计算方法虽然很简单，却不如作图法简明，如表 30-9 所示。

表 30-9　例四计算法

	每只脚数	相差	混合比		
平均脚数 $\frac{52}{19}$（OA）	鸡 2（OC）	少 $\frac{14}{19}$（下）	$\frac{24}{19}$	24	12
	兔 4（OB）	多 $\frac{24}{19}$（上）	$\frac{14}{19}$	14	7

因为混合比的两项 12 同 7 的和正是 19，所以用不着再计算一次按比分配了。

例五：上、中、下 3 种酒，每斤的价格分别是 3 角 5 分、3 角和 2 角。要混合成每斤 2 角 5 分的酒 100 斤，每种需多少？

如图 30-5 所示，作 OA、OB、OC 和 OD 分别表示每斤 2 角 5 分、3 角 5 分、3 角和 2 角的酒。图中正好表示出：上等酒损 1 角，BA；中等酒损 5 分，CA；而下等酒益 5 分，DA。因而混合比是：

$$\begin{array}{ccc} 上 & 中 & 下 \\ 5 & & :10 \\ & 5 & :5 \end{array}\Bigg\} 即 \begin{array}{ccc} 上 & 中 & 下 \\ 1 & & :2 \\ & 1 & :1 \end{array}\Bigg\} 即 \begin{array}{ccc} 上 & 中 & 下 \\ 1 & :1 & :3 \end{array}$$

依这个比，在右边纵线上取 1 和 3，过 1 和 3 作线平行于 OA，交横线于 80 和 40。从 80 到 100 是 20，从 40 到 100 是 60，即上等酒 20 斤、中等酒 20 斤、下等酒 60 斤。

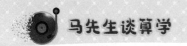

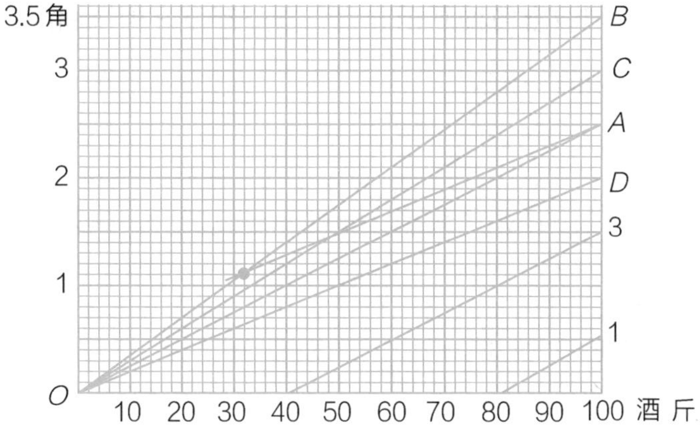

图 30-5　例五图解

算法和前面一样，不过最后需按 1 : 1 : 3 的比分配 100 斤罢了。

本不想把式子写出来，但是马先生却问：“这个结果自然是对的了，还有别的分配法没有呢？”

为了回答这个问题，只得将式子写出来，如表 30-10 所示。

表 30-10　例五分配法（一）

	原价	损益	混合比			
平均价 2.5 角（*OA*）	上 3.5 角（*OB*）	−1.0 角（*BA* 上）	5（*OA*）		5	1
	中 3.0 角（*OC*）	−0.5 角（*CA* 上）		5（*CA*）	5	1
	下 2.0 角（*OD*）	+0.5 角（*DA* 下）	10（*BA*）	5（*CA*）	15	3

混合比仍是 1 : 1 : 3，100 斤分配下来，自然仍是 20 斤、20 斤和 60 斤，还有什么疑问呢？

马先生说：“比是活动的，在这里，上比下和中比下各为 5 : 10 和 5 : 5，也就是 1 : 2 和 1 : 1。从根本上讲，只要按照这两个比，分别取出各种酒相混合，损益都正好相抵消而合于平均价，如表 30-11 所示。

表 30-11　例五分配法（二）

混合比		(1)			(2)			(3)			(4)			(5)			(6)			(7)		
	上	5		5	1		1	1		1	2		2	3		3	6		6	7		7
	中		5	5		1	1		11	11		7	7		8	8		1	1		2	2
	下	10	5	15	2	1	3	2	11	13	4	7	11	6	8	14	12	1	13	14	2	16

所以：

（1）和（2）是已用过的,（4）（5）（6）和（7）都可得出答数来。”

是的，由（4），2、7、11 的和是 20，所以：

上：100 斤 $\times \frac{2}{20}$ = 10 斤，中：100 斤 $\times \frac{7}{20}$ = 35 斤，下：100 斤 $\times \frac{11}{20}$ = 55 斤。

由（5），3、8、14 的和是 25，所以：

上：100 斤 $\times \frac{3}{25}$ = 12 斤，中：100 斤 $\times \frac{8}{25}$ = 32 斤，下：100 斤 $\times \frac{14}{25}$ = 56 斤。

由（6），6、1、13 的和是 20，所以：

上：100 斤 $\times \frac{6}{20}$ = 30 斤，中：100 斤 $\times \frac{1}{20}$ =5 斤，下：100 斤 $\times \frac{13}{20}$ =65 斤。

由（7），7、2、16 的和是 25，所以：

上：100 斤 × $\frac{7}{25}$ =28 斤，中：100 斤 × $\frac{2}{25}$ =8 斤，下：100 斤 × $\frac{16}{25}$ =64 斤。

“除了这几种，还有没有呢？”我正怀着这个疑问，马先生却问了出来，但是没有什么人回答。后来，他说还有，但先要解决更根本的问题。

又是什么问题呢？

马先生问：“你们就这几个例子看，能得出什么结论呢？”

“各个连比 3 次的和，是 5（2）、20 [（4）和（6）]、25 [（1）（3）和（5）]，都是 100 的约数。”王有道回答。

“这就是根本问题。”马先生，“因为我们要的是整数的答数，所以这些数就得除得尽 100。”

“那么，能够配来合用的比，只有这么多了吗？”周学敏问。

“不止这些，不过配成各项的和是 5，或 20，或 25 的，只有这么多了。”马先生回答。

“怎么知道的呢？”周学敏追问。

“那是一步一步推算的结果。”马先生说，“现在你仔细看前面的 6 个连比。把（2）作为基本，因为它是最简单的一个。在（2）中，我们又用上和下的比 1 : 2 做基本，将它的形式改变。

再让中和下的比 1∶1 也跟着改变，凑成 3 项的和——5，或 20，或 25。例如，用 2 去乘这两项，得 2∶4，它们的和是 6。20 减去 6 剩 14，折半是 7，就用 7 乘第二个比的两项，这样就是(4)。”

“用 2 乘第一个比的两项，得 2∶4，它们的和是 6。第二个比的两项也用 2 去乘，得 2∶2，它们的和是 4。连比变成 2∶2∶6，3 项的和是 10，也能除尽 100。为什么不用这一个连比呢？”王有道问。

“因为 2∶2∶6 和（1）的 5∶5∶15 同（2）的 1∶1∶3 是相同的。由此可以看出，乘第一个比的两项所用的数，必须和乘第二比的两项所用的数不同，结果才不同。”

马先生回答后，王有道又说：“你们索性再进一步探究。第一个比 1∶2 两项的和是 3，是一个奇数。第二个比 1∶1 两项的和是 2，是一个偶数。所以，第一个比的两项，无论用什么数（整数）去乘，它们的和总是 3 的倍数。并且，乘数是奇数，和也是奇数；乘数是偶数，和也是偶数。奇数加偶数是奇数，偶数加偶数仍然是偶数。

跟着这几个法则，我们来检查上面的（3）、（5）、（6）、（7）。（3）的第一个比的两项没有变，就算是用 1 去乘，两项的和是奇数，所以连比 3 项的和也只能是奇数，它就只能是 25。[5 就是（2）]（5）的第一个比的两项是用 3 去乘的，结果两项的和是奇数，所以连比 3 项的和也只能是奇数，它就只能是 25。要注意，若用 4 去乘第一个比的两项，结果它们的和是 12，只能也用 4 去乘第二个比的两项，使它成 4∶4，连比成为 4∶4∶12，这和（1）（2）一样。若用 5 去乘第一个比的两项，不用说，得出来的就是（1）了。所以（6）的第一个比的两项是用 6 去乘的，结果它们的和是 18，偶数，所以连比 3 项的和只能是 20。20 减去 18 剩 2，正是第二个比两项的和。用 7 去乘第一个比的两项，结果它们的和是 21，奇数，所以连比 3 项的和只能是 25。25 减去 21 剩 4，折半得 2，所以第二个比应该变成 2:2，这就是（7）。

假如用 8 以上的数去乘第一个比的两项，它们的和在 24 以上，连比 3 项的和自然超过 25。这就说明配成连比 3 项的和是 5，或 20，或 25 的，只有（2）、（3）、（4）、（5）、（6）、（7）。”

“那么，这个题也就只有这 6 种答数了？”一个同学问。

“不！我已回答过周学敏。周学敏，你来说，连比三项的和还有什么？”马先生问。

“50 和 100。”周学敏回答。

“对的！那么，还有几种方法可配合呢？”马先生。

“……”

“没有人能回答上来吗？”马先生说，“第一个比变化后，两项的和总是‘3’的倍数，这是第一点。（7）的第一个比两项的和已是 21，这是第二点。50 和 100 都是偶数，所以变化下来的结果，第一个比两项的和必须是‘3’的倍数，而又是偶数，这是第三点。由这 3 点去想吧！先从 50 起。”

“由第一、二点想，21 以上 50 以下的数，有几个数是‘3’的倍数？”马先生问。

“50 减去 21 剩 29，3 除 29 可得 9，一共有 9 个。”周学敏答。

“再由第三点看，只能用偶数，9 个数中有几个可用？”

“21 以后，第一个 3 的倍数是偶数。50 前面，第一个 3 的倍数也是偶数。所以有 5 个可用。”王有道说。

“不错。24、30、36、42 和 48，正好 5 个。”我一个一个地想了出来。

“那么，连比3项的和，配成这5个数，都合用吗？”马先生问。

大概这中间又有什么问题了。我就把 5 个连比都做了出来，结果，真是有问题。

第一：用 10 乘第一个比的两项，得 10∶20，它们的和是 30。50 减去 30 剩 20，折半得 10，连比便成了 10∶10∶30，等于 1∶1∶3，同（2）是一样的。

第二：用 14 乘第一个比的两项，得 14∶28，它们的和是 42。50 减去 42 剩 8，折半得 4，连比便成了 14∶4∶32，等于 7∶2∶16，同（7）一样。

我将这个结果告诉马先生，他便说：

“可见得，只有3种方法可配合了。连同上面的6种——（1）和（2）只能算一种——一共不过9种。此外，就没有了？”

我觉得，这倒很有意思。把9种比写出来一看，除前面的（2），它是作基本的以外，都是用一个数去乘（2）的第一个比的两项得出来的。这些乘数，依次是1、2、3、6、7、8、12和16。用5、10或14作乘数的结果，都与这9种中的一种重复。用9、11、13或15去乘是不合用的。我正在玩味这些情况，突然周学敏大声说：

“马先生，不对！”

“你发现了什么？”马先生很诧异。

“前面的（4）和（6），第一个比两项的和都是偶数，不是也可以将连比配成3项的和都是50吗？”周学敏得意地说。

“好！你试试看。”马先生，“这个漏洞，你算找到了。”

我觉得很奇怪，为什么马先生早没注意到呢?

“（4）的第一个比，两项的和是6。50减去6剩44，折半是22，所以第二个比可变成22∶22，连比是2∶22∶26。”周学敏说。

“用2去约来看。”马先生说。

“是1∶11∶13。”周学敏说。

“这不是和（3）一样了吗？”马先生说。周学敏窘了。

接着，马先生又说："本来，这也应当探究的，再用那一个试试看。"我知道，这是他在安慰周学敏了。

"(6)的第一个比，两项的和是 18。50 减去 18 剩 32，折半得 16，所以连比是 6∶16∶28。还是可用 2 去约，约下来是 3∶8∶14，正和（5）一样。"周学敏连不合用的理由也说了出来。

"好！我们总算把这个问题解析得很透彻了。周学敏的疑问虽是对的，可惜他没抓住最紧要的地方。他只看到前面的 7 种，不曾想到 7 种以外。这一点我本来就要提醒你们的。假如用 4 去乘（2）的第一个比的两项，得的是 4∶8，它们的和便是 12。50 减去 12 剩 38，折半是 19。第二个比是 19∶19。连比便是 4∶19∶27。加上前面的 9 种一共有 10 种配合法。这种探究不过等于一种游戏。假如没有总数 100 的限制，混合的方法本来是无穷的。"

对于这样的探究，我觉得很有趣，就把各种结果抄在后面。

（1）

混	上	1		1	20 斤	混
合	中		1	1	20 斤	合
比	下	2	1	3	60 斤	量

（2）

混	上	1		1	4 斤	混
合	中		11	11	44 斤	合
比	下	2	11	13	52 斤	量

（3）

混	上	2		2	10 斤	混
合	中		7	7	35 斤	合
比	下	4	7	11	55 斤	量

（4）

混	上	4		4	8 斤	混
合	中		19	19	38 斤	合
比	下	8	19	27	54 斤	量

（5）

混	上	3		3	12斤	混
合	中		8	8	32斤	合
比	下	6	8	14	56斤	量

（6）

混	上	6		6	30斤	混
合	中		1	1	5斤	合
比	下	12	1	13	65斤	量

（7）

混	上	7		7	28斤	混
合	中		2	2	8斤	合
比	下	14	2	16	64斤	量

（8）

混	上	8		8	16斤	混
合	中		13	13	26斤	合
比	下	16	13	29	58斤	量

（9）

混	上	12		12	24斤	混
合	中		7	7	14斤	合
比	下	24	7	31	62斤	量

（10）

混	上	16		16	32斤	混
合	中		1	1	2斤	合
比	下	32	1	33	66斤	量

“但是，连比 3 项的和是 100 的呢？”一个同学问马先生。

他说：“这也应该探究一番，一不做二不休，干脆尽兴吧！从哪里下手呢？”

“就和刚才一样，先找 100 以内的 3 的倍数，而且又是偶数的。3 除 100 可得 33，就是一共有 33 个 3 的倍数。第一个 3 和末一个 99 都是奇数。所以，100 以内只有 16 个 3 的倍数是偶数。”周学敏回答得清楚极了。

“那么，混合的方法是不是就有 16 种呢？”马先生又提出了问题。

“只好一个一个地做出来看了。”我说。

“那倒不必这么老实。例如第一个比两项的和是 3 的倍数又是偶数，还是 4 的倍数的，大半就不必要。”马先生提出的这个条件，我还不明白是什么原因，便追问：

“为什么？”

“王有道，你试着解释一下。”马先生叫王有道。

“因为：第一，100 本是 4 的倍数。第二，第二个比总是由 100 减去第一个比的两项的和，然后再折半得出来的，所以至少第二比的两项都是 2 的倍数。第三，这样合成的连比，3 项都是 2 的倍数。用 2 去约，结果 3 项的和就在 50 以内，与前面的便重复了。例如 24，若第一个比为 8∶16，100 减去 24 剩 76，折半是 38，第二个比是 38∶38，连比便是 8∶38∶54，等于 4∶19∶27。”王有道的解释我明白了。

“照这样说来，16 个数中，有几个不必要的呢？”马先生问。

“3 的倍数又是 4 的倍数的，就是 12 的倍数。100 用 12 去除，可得 8。所以有 8 个是不必要的。”王有道想得真周到。

“剩下的 8 个数中，还有不适用的吗？”这个问题又把大家难住了。还是马先生来提示：

“30 的倍数也是不必要的。”

这很容易理解。100 以内 30 的倍数，只有 30、60 和 90 这

3 个。60 又是 12 的倍数，依前面的说法，已不必要了，只剩 30 和 90。它们同 100 都是 5 和 10 的倍数。100 和它们的差当然是 10 的倍数，折半后便是 5 的倍数。两个比的各项同是 5 的倍数，它们合成的连比 3 项自然都可用 5 去约。结果这两个连比 3 项的和都成了 20，也重复了。

所以 8 个当中只有 6 个可用，那就是：

（11）

混	上	2		2	2 斤	混
合	中		47	47	47 斤	合
比	下	4	47	51	51 斤	量

（12）

混	上	6		6	6 斤	混
合	中		41	41	41 斤	合
比	下	12	41	53	53 斤	量

（13）

混	上	14		14	14 斤	混
合	中		29	29	29 斤	合
比	下	28	29	57	57 斤	量

（14）

混	上	18		18	18 斤	混
合	中		23	23	23 斤	合
比	下	36	23	59	59 斤	量

（15）

混	上	22		22	22 斤	混
合	中		17	17	17 斤	合
比	下	44	17	61	61 斤	量

（16）

混	上	26		26	26 斤	混
合	中		11	11	11 斤	合
比	下	52	11	63	63 斤	量

接着马先生开始讲第 4 类。

第四，求混合量——知道一部分的量。

例六：每斤 8 角、6 角、5 角的 3 种酒，混合成每斤 7 角的酒，所用每斤 8 角和 6 角的斤数的比为 3:1，怎样配合？

这很简单。如图 30-6 所示，先作 *OA* 表示每斤 7 角。次作 *OB* 表示每斤 8 角，*B* 正在纵线 3 上。从 *B* 作 *BC*，表示每斤 6 角。*C* 正在纵线 4 上。这样一来，两种斤数的比便是 3 : 1。从 *C* 再作 *CD* 表示每斤 5 角。*CD* 和 *OA* 交在纵线 5 上的 D。所以，3 种的比是:

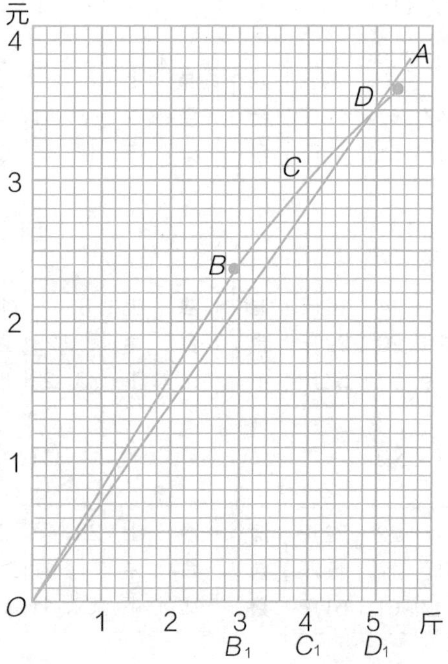

图 30-6　例六图解

$$OB_1 : B_1C_1 : C_1D_1 = 3 : 1 : 1$$

试把计算法和它对照，如表 30-12 所示。

表 30-12 例六计算法

	原价	损益	混合比		
平均价 7 角（OA）	8 角（OB）	−1 角	2	1	3（OB_1）
	6 角（BC）	+1 角		1	1（B_1C_1）
	5 角（CD）	+2 角	1		1（C_1D_1）

例七：每斤 5 角、4 角、3 角的酒，混合成每斤 4 角 5 分的，5 角的用 11 斤，4 角的用 5 斤，3 角的要用多少斤？

本题的作图法，和前一题的，除所表的数目外，完全相同。由图 30-7 可知，OB_1 是 11 斤，B_1C_1 是 5 斤，C_1D_1 是 2 斤。和计算法比较，算起来还是麻烦些（见表 30-13）。

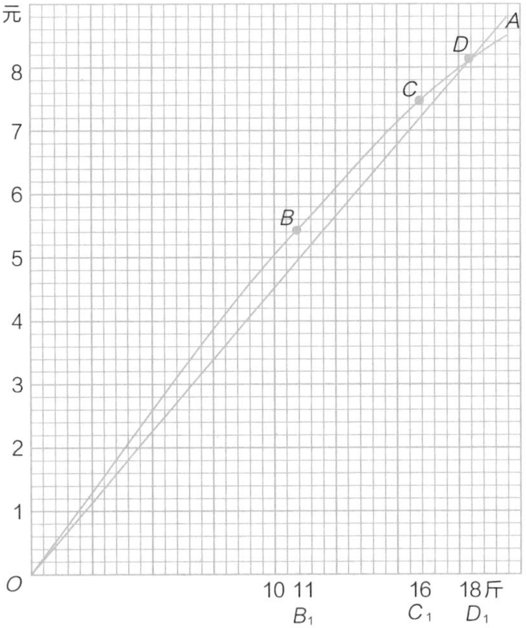

图 30-7 例七图解

表 30-13　例七计算法

	原价	损益	混合比						混合量		
平均价 4.5 角（*OA*）	5 角（*OB*）	−0.5 角	1.5	0.5	3	1	3	5	6 斤	5 斤	11 斤
	4 角（*BC*）	+0.5 角		0.5		1		5		5 斤	5 斤
	3 角（*CD*）	+1.5 角	0.5		1		1		2 斤		2 斤

由混合比得混合量，这一步比较麻烦，远不如画图法来得直接。先要依题目上所给的数量来观察，4 角的酒是 5 斤，就用 5 去乘第二个比的两项。5 角的酒是 11 斤，但有 5 斤已确定了，11 减去 5 剩 6，它是第一个比第一项的 2 倍，所以用 2 去乘第一个比的两项。这就得混合量中的第一栏。结果，3 种酒依次是 11 斤、5 斤、2 斤。

例八：将 3 种酒混合，其中两种的总价是 9 元，合 1 斗 5 升。第 3 种酒每升 3 角，混成的酒每升价 4 角 5 分，求第 3 种酒的升数。

“两种酒既然有了总价 9 元和总量 1 斗 5 升，这就等于一种了。”马先生说。

明白了这一点，还有什么难呢？

如图 30-8 所示，作 OA 表示每升 4 角 5 分的，OB 表示 1 斗 5 升 9 元的。从 B 作 BC，表示每升 3 角的，和 OA 交于 C。OB_1 指 1 斗 5 升，OC_1 指 3 斗。OC_1 减去 OB_1 剩 B_1C，指 1 斗 5 升，这就是所求的。

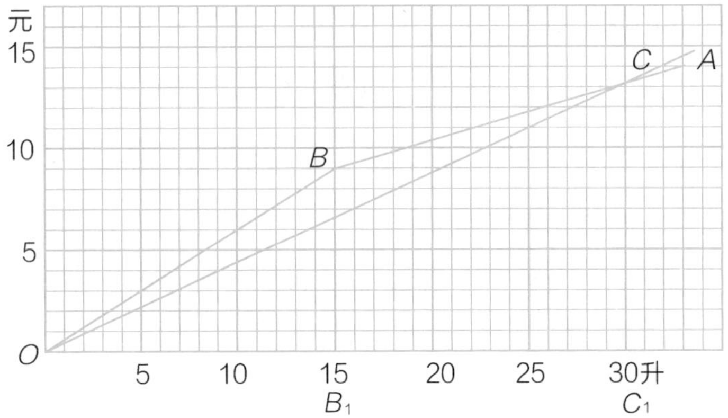

图 30-8 例八图解

照这作法来计算，如表 30-14 所示。

表 30-14 例八计算法

	原价	损益	混合比
平均价 4.5 角（OA）	$\frac{90}{15}$ 角（OB）	−1.5 角	15（OB_1）
	3 角（BC）	+1.5 角	15（B_1C_1）

这题算完以后，马先生在讲台上对着我们静静地站了两分钟：

“李大成，你近来对算学的兴趣怎样？”

“很浓厚。”我不由自主地恭敬回答。

“这就好了。你可以相信，算学也是人人能领受的了。暑假快结束了，你们也应当把各种功课都整理一下。我们的谈话就到这一次为止。我希望你们不要偏爱算学，也不要怕它。无论对于什么功课，都不要怕！你们不怕它，它就怕你们。对于做一个现代人不可缺少的常识，以及初中各科所教的，别人能学，你也能学。勇敢和决心是战胜一切困难的武器。求知识，要紧！精神的修养，更要紧！”

马先生的话讲完了，静静地听他讲话的我们都睁着一双渴求知识的眼睛望着他。